内蒙古自治区职业与成人教育协会
成人高等教育教材建设专业委员会　推荐使用教材

计算机应用基础
（第3版）

主　编　周广刚　戴乐根

北京理工大学出版社
BEIJING INSTITUTE OF TECHNOLOGY PRESS

内 容 简 介

进入 21 世纪，计算机技术已经成为推动社会经济飞速发展的重要基础，也是知识经济时代的代表。学校在培养未来高素质劳动者和技能型人才的同时，使学生掌握必备的计算机应用基础知识和基本技能，不仅有利于提高学生应用计算机解决工作与生活中实际问题的能力，还可以为学生职业生涯和终身学习打下良好的基础。

本教材是遵照教育部非计算机专业计算机基础课程教学指导分委员会提出的《关于进一步加强高校计算机基础教学的意见》编写而成的，内容紧紧围绕计算机应用基础课程的教学目标，强调运用计算机技术获取、加工、表达、沟通与交流信息的能力，培养学生的信息素养，增强学生的计算机文化意识，内化学生的信息道德规范。

本书的主要内容包括计算机基础知识、Windows 7 操作系统、Word 2010 文字处理软件、Excel 2010 电子表格软件、PowerPoint 2010 电子演示文稿、计算机网络技术、信息安全与道德。

图书在版编目（CIP）数据

计算机应用基础／周广刚，戴乐根主编．—3 版．—北京：北京理工大学出版社，2015.3

ISBN 978-7-5682-0118-6

Ⅰ.①计…　Ⅱ.①周…②戴…　Ⅲ.①电子计算机-高等学校-教材　Ⅳ.①TP3

中国版本图书馆 CIP 数据核字（2015）第 005329 号

出版发行／北京理工大学出版社有限责任公司

社　　　址／北京市海淀区中关村南大街 5 号

邮　　　编／100081

电　　　话／（010）68914775（总编室）
　　　　　　　82562903（教材售后服务热线）
　　　　　　　68948351（其他图书服务热线）

网　　　址／http：//www.bitpress.com.cn

经　　　销／全国各地新华书店

印　　　刷／北京高岭印刷有限公司

开　　　本／710 毫米×1000 毫米　1/16

印　　　张／13　　　　　　　　　　　　　　　　责任编辑／张慧峰

字　　　数／220 千字　　　　　　　　　　　　　文案编辑／多海鹏

版　　　次／2015 年 3 月第 3 版　2015 年 3 月第 1 次印刷　　责任校对／周瑞红

定　　　价／28.00 元　　　　　　　　　　　　　责任印制／王美丽

图书出现印装质量问题，请拨打售后服务热线，本社负责调换

　　岁月荏苒，风云激荡。当今世界正在以前所未有的发展速度和面貌展现着惊人的变化，人们如何抢抓机遇、提升素质、应对挑战成为一个值得探索的新课题。因此，终生学习、致力成才成为一种必然趋势。现代远程教育和成人高等教育也就成为帮助成人实现人生理想的重要路径。

　　现代远程教育是利用计算机、多媒体和互联网等现代信息技术传授知识的一种全新学习方式和教育模式。成人高等教育是指针对符合规定标准的在业或非在业成年人实施的高等教育。现代远程教育和成人高等教育已经成为我国高等教育体系的重要组成部分，在促进教育信息化、大众化以及构建终身教育体系方面发挥着独特的作用和优势。为使现代远程教育和成人高等教育更好地适应成人的学习特点和需求，我们组织出版了该系列丛书。这套丛书可作为学生学习的教材，也可作为网络课程的核心内容。

　　该系列丛书的作者，都是本学科领域的学术带头人和教学名师，具有丰富的教学经验。在编写过程中，力求做到结构严谨、层次清晰、重点突出、难点分散、文字通俗、分量适中，以体现教材的指导和辅导作用，引导学生在学习的过程中做到学、思、习、行的统一，充分发挥教材的质疑、解惑和激励功能。

　　该系列丛书具有以下四个方面的鲜明特点：一是教育理念先进。遵循现代远程教育和成人高等教育理念，使教材符合学生的学习特点和认知规律，体现以学生为本的理念。二是内容安排科学。充分反映了每门课程发展的最新成果，理论与实践有机结合、结构合理、详略得当。三是编写内容生动。结合图片、案例等进行讲解，图文并茂，通俗易懂。四是思考训练丰富多样。在课后习题的设计和编排上，通过练习和案例相结合的形式，努力实现传授知识、培养能力和提高觉悟的统一。可以说，这是一套大胆实践、勇于探索的创新教材。本书第二版在使用过程中得到了许多高校的充分肯定和高度评价。为了进一步适应成人高等教育的教学实际和需要，我们在广泛征求意见的基础上，组织教材编写委员会的专家对这套系列教材作了全面修订，出版了第三版。在修订过程中，我们力图在教材体系的完整性、内容的简明性和学习的方便性上做得更好。在编写过程中参考了本学科领域的最新研究成果，本书在编写过程中还得到了内蒙古自治区职业与成人教育协会的大力支持和帮助，在此一并表示感谢。

"乘风破浪会有时，直挂云帆济沧海。"相信这套系列教材在同行专家学者的指导和帮助下一定会不断地完善和提高。同样，经过精心培育的现代远程教育和成人高等教育的学生，必将胸怀理想，发奋攻读，为描绘中国特色社会主义建设的新蓝图，为实现中华民族的伟大复兴贡献出自己的青春、智慧和力量！

内蒙古自治区成人高等教育教材编写委员会

近年来，随着计算机技术的高速发展，计算机已经在生产、生活的各个领域得到广泛应用。因此，学习和掌握计算机应用的基础知识已经成为工作和生活的重要内容，计算机应用已经成为当代大学生成长、成才的必备知识和技能。

遵照教育部非计算机专业计算机基础课程教学指导分委员会提出的《关于进一步加强高校计算机基础教学的意见》，针对现代远程教育和成人高等教育大学生计算机应用水平的现状，本书合理布局内容，注重计算机应用基础的知识广度，适当降低相关内容的难度，同时尽量体现计算机应用技术的最新发展。

在以计算机、互联网的普及使用为标志的信息时代里，人们的日常生活、工作中都充斥着大量的信息，计算机在这些信息的获得、分析、交换等环节中起到了不可替代的作用。很难想象，掌握现代科学技术的人类离开计算机将会如何生活与工作，于是便有人提出了新的文盲的观点，认为在现代的社会里，不懂计算机、不懂外语的人就是现代的文盲。本书旨在帮助学生在最短的时间里掌握计算机的基本知识、基本操作及使用技能，以利于我们在各自的专业领域里能得心应手地使用计算机处理各种技术问题。

计算机技术的培养和提高主要依靠两方面的支持：一是应当拥有坚实的计算机技术理论知识，这是帮助我们准确无误地理解信息并以正确、有效的形式传播信息的基础；二是具备熟练运用计算机操作的基本技能，这是我们快速、准确地获取信息、加工处理信息与传播信息的必由之路。本书正是为实现上述目的而撰写的。

在本书的编写过程中，编者力主突出三个特色：

一、纲举目张，图文并茂。在每一章的起始部分加注了学习目的、学习要求、重点难点三项内容；正文部分精心选用了清晰的软件视窗图形，图文并茂，生动活泼。

二、尽量体现计算机的最新技术发展，在计算机硬件系统，介绍了最新的双核 CPU 和四核 CPU；操作系统以主流的 Windows 7 系统为例，介绍了其界面及主要操作；办公系统介绍了日常使用较多的 Word 2010、Excel 2010、PowerPoint 2010。

三、梯级配套的课后习题辅导，习题分为基础知识、综合训练和应用等不同难度层级。

本书的主要内容包括计算机基础知识、Windows 7 操作系统、Word 2010 文字处理软件、Excel 2010 电子表格软件、PowerPoint 2010 电子演示文稿、计算机网络技术、信息安全与道德。

全书共 7 章，周广刚、戴乐根担任主编，并负责全书的策划、总纂、编审与定稿工作。其中第 1 章和第 7 章由周广刚编写，第 2 章由夏广辉编写，第 3 章由孙晓亮编写，第 4~第 6 章由戴乐根编写。

本书在编写过程中得到了北京理工大学出版社领导和编辑的大力支持，在此一并致谢。由于时间仓促和作者水平所限，疏漏之处在所难免，敬请广大读者批评指正。

编　者

 contents

第 1 章　计算机基础知识

【知识目标】

（1）了解计算机的发展历史。

（2）掌握计算机系统的组成。

（3）熟悉计算机中各部件分类。

（4）了解多媒体特点及硬件系统。

（5）掌握 CPU 工作原理。

【结构框图】

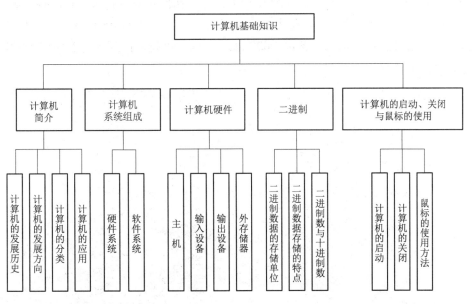

【学习重点】

（1）计算机的硬件组成及各部分的功能。

（2）CPU 的性能指标。

【学习难点】

（1）熟悉计算机中各部件。

（2）了解计算机的英文缩写含义。

1.1 计算机简介

计算机是人类在 20 世纪最伟大的发明之一，也是发展最快的技术。从它诞生之日起，就很快渗入到人类社会的政治、军事、经济、文化、交通运输、生产制造、工作生活与休闲娱乐的各领域和各方面，成为人们工作和生活中不可或缺的助手。计算机这一人类文明发展的产物，已渗透到现代社会生活的各个层面，其作用就如同蒸汽机的发明促使农业时代的终结，以及电力的发明促使旧工业时代的变革一样，对当今的社会产生了十分重要和深远的影响。

1.1.1 计算机的发展历史

计算机的诞生酝酿了很长一段时间。1946 年 2 月，世界上第一台电子计算机 ENIAC，即"电子数字积分计算机"在美国加州宾夕法尼亚大学宣告诞生。ENIAC 体积庞大，占地 170 m^2，耗电惊人，运算速度却只有每秒 400 次乘法运算或每秒 5 000 次加法运算，耗资 100 万美元以上。尽管 ENIAC 有许多不足之处，但它仍比当时已有的计算设备快 1 000 倍。ENIAC 的问世揭开了计算机时代的序幕，如图 1-1 所示。

图 1-1 ENIAC 计算机

以计算机元器件的变革作为主要标志，可将计算机的发展分为 4 个阶段，也称为计算机发展的 4 个时代。

1. 第一代（1946—1957 年）：电子管计算机时代

第一代计算机采用电子管作为计算机的逻辑元件，也称电子管时代。用机器语言或汇编语言编写程序；每秒运算速度仅为几千次，内存容量仅有几 KB。这个时期计算机的特点是体积庞大，成本高，可靠性差，仅用于科学计算和从事军事及科学研究方面的工作。代表机型有 IBM 650（小型机）、IBM 709（大型机）。

2. 第二代（1958—1964 年）：晶体管计算机时代

第二代计算机的逻辑组件由电子管改为晶体管，也称晶体管时代。主存储器大多采用磁芯铁氧磁性材料制成的磁芯存储器，外存储器使用磁带和磁盘。软件方面也有了较大的发展，出现了 FORTRAN、COBOL、ALGOL 等一系列高级语言。与第一代相比，晶体管电子计算机的运行速度已提高到每秒几十万次，体积已大大减小，可靠性和内存容量也有较大的提高。第二代计算机主要用于商业、大学教学和政府机关等。代表机型有 IBM7094、CDC7600。

3. 第三代（1965—1970 年）：中小规模集成电路计算机时代

第三代计算机的逻辑器件采用的是小规模集成电路 SSI 和中规模集成电路 MSI。集成电路是做在晶片上的一个完整的电子电路，晶片可以比手指甲还要小，却包含了几千个晶体管元件。第三代计算机存储器进一步发展，体积更小、价格更低、可靠性更高、计算速度更快。第三代计算机的代表是 IBM 公司花了 50 亿美元开发的 IBM360 系列。

4. 第四代（1971 年至今）：大规模和超大规模集成电路计算机时代

第四代计算机使用的主要逻辑元件是大规模和超大规模集成电路，它包含几十万到上百万个晶体管。计算机的速度可达每秒上千万次甚至十万亿次。1975年，美国 IBM 公司推出了个人计算机 PC（Personal Computer），从此，人们对计算机不再感到陌生，计算机开始深入到人们的生活。

1.1.2　计算机的发展方向

现代计算机呈现出了巨型化、微型化、网络化和智能化的特征。

1. 巨型化

巨型计算机是计算机的一个重要的发展方向，其特点是高速度、大存储量和强功能。主要是为了满足天文、气象、原子、核反应等尖端科学与研究的需要。

2. 微型化

随着微电子技术的进一步发展，笔记本、掌上电脑等微型计算机越来越受到人们的青睐。另一方面，随着微处理器的不断发展，微处理器已经应用到仪器、仪表和家电等电子产品中。

3. 网络化

以 Internet 为代表的网络技术开辟了信息时代新的里程碑。网络可使人们方便地进行信息的收集、传递和计算机软硬件资源的共享。不联网的计算机已经不是真正意义上的计算机。

4. 智能化

自 20 世纪 80 年代开始，发达国家投入到第五代计算机的研制，目标是使计算机打破以往固有的体系结构，能具有像人一样的思维、判断能力，实现接近人的思考模式。

1.1.3 计算机的分类

数字计算机按其应用特点可分为两大类，即专用计算机和通用计算机。

专用计算机是针对某一特定应用领域或面向某种算法而研制的计算机，如工业控制机、卫星图像处理用的大型并行处理机等。特点是它的系统结构及专用软件对所指定的应用领域是高效的，若用于其他领域则效率较低。

通用计算机是面向多种应用领域和算法的计算机。特点是它的系统结构和计算机的软件能适合多种用户的需求。通用数字计算机根据其性能、用途的不同，大体可以分为 5 类：巨型机、大型机、小型机、工作站和微型机。

1. 巨型机

巨型机是计算机中性能最高、功能最强且具有巨大数值计算能力和数据信息处理能力的计算机。主要性能指标有：运算速度可达每秒几亿次；主存容量高达几十兆字节（MB），字长可达 64 位；价格昂贵。此类计算机主要应用于军事、气象、地质勘探等尖端科技领域。我国研制成功的"银河系列机"就属于巨型机。

2. 大型机

大型机是计算机中通用性能最强、功能也很强的计算机。运算速度在每秒几百万次到几亿次，字长为 32～64 位，主存容量在几百兆字节。它有丰富的外部设备和通信接口，主要用于计算中心和计算机网络。

3. 小型机

小型机是计算机中性能较好、价格便宜、应用领域十分广泛的计算机。它的结构简单、规模较小、操作方便、成本较低。小型机在存储容量和软件系统的完善方面有一定优势，通常会作为某部分的核心机。

4. 工作站

工作站是一种新型的计算机系统，它出现于 20 世纪 70 年代后期。一般来说，高档微机也可称为工作站。工作站的特点是易于联网、有较大容量内存、具有较强的网络通信功能，如 CAD、图像处理、三维动画等，这些都是工作站的应用领域。

5. 微型机

微型机是应用领域最广泛的一种计算机，也是近年来各类计算机中发展最快、人们最感兴趣的计算机。微型机的体积小、价格低、功能全、操作方便，一般简称为"微机"。

1.1.4 计算机的应用

半个世纪以来，计算机的应用已渗透到社会的各个行业，改变了人们以往的学习、工作和生活方式，帮助人们完成形形色色的工作。计算机主要应用在以下几方面。

1. 科学计算

科学计算也称为数值计算，是指用于完成科学研究和工程技术中所遇到的数学计算问题。例如，在天文学、量子化学、空气动力学、核物理学和天气预报等领域中，计算机相当复杂，人工无法完成，只能依靠计算机来进行高速、高精度的运算。

2. 数据处理

数据处理也称为非数值计算或者事务处理，与科学计算不同的是，数据处理所涉及的数据计算量大，并可以有文字、图像、图形、音频、视频等多种类型的数据，但计算方法简单。典型的数据处理系统有银行储蓄系统、电信收费系统和人口统计系统等。

3. 过程控制

过程控制又称为实时控制、自动控制。计算机按事先编好的程序运行，及时地采集数据，将数据处理后，按最佳方案准确、及时地进行控制，实现自动化。计算机过程控制已经在冶金、机械、石油、化工、纺织、水电、航天等行业得到了广泛的应用。

4. 计算机辅助

计算机辅助设计 CAD（Computer Aided Design）是指利用计算机的工程计算、逻辑判断、数据处理能力，以及人的经验判断能力帮助设计人员进行工程和产品设计，使设计过程自动化。目前，CAD 广泛应用于航空、汽车、船舶、机械、电子、纺织、服装、建筑等行业的设计。

计算机辅助制造 CAM（Computer Aided Manufacturing）是指利用计算机进行生产过程的管理、控制和操纵。CAM 技术可以减少工人的劳动强度、缩短生产周期、提高产品质量、降低成本。

5. 人工智能

人工智能是计算机应用的前沿学科。人工智能 AI（Artificial Intelligence）一般指用计算机来模拟人脑进行演绎推理和采取决策的思维过程。人工智能涉及的领域包括自然语言处理、自动程序设计、专家系统和机器人、机器视觉系统、智能数据库等方面。

6. 多媒体技术的应用

随着电子技术特别是通信和计算机技术的发展，人们已经有能力把文本、音频、视频、动画、图形和图像等各种媒体综合起来构成一种全新的概念——"多媒体"（Multimedia）。在医疗、教育、商业、银行、保险、行政管理、军事、工业、广播和出版等领域中，多媒体的应用发展很快。而网络技术的发展使计算机的多媒体技术应用进一步深入到社会的各行各业。多媒体计算机的应用将推动信息社会更快地向前发展。常见多媒体设备如图 1-2 所示。

(a)   (b)

图 1-2　多媒体设备
(a) 音箱；(b) 打印机

1.2　计算机系统组成

一个完整的计算机系统是由硬件系统和软件系统两部分组成的，如图 1-3 所示。硬件具有原子的特性，而软件具有比特的特性，两者有本质的区别，因此有很强的区分性。同时，硬件和软件在功能上具有等价性，即某个功能既可以用硬件实现，又可以用软件实现。

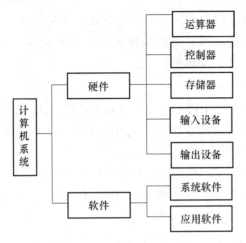

图 1-3 计算机系统组成

1.2.1 硬件系统

计算机的硬件系统一般指用电子器件和机电装置组成的计算机实体，是程序运行的物质基础。计算机硬件系统结构从原理上来说主要由输入设备、运算器、控制器、存储器和输出设备 5 大部分组成，如图 1-4 所示。

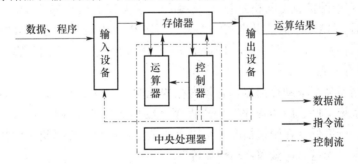

图 1-4 计算机硬件系统结构

计算机的工作流程可概括为：首先由输入设备接收外界信息（程序和数据），控制器发出指令将数据送入（内）存储器，然后向内存储器发出取指令命令。在取指令命令下，程序指令被逐条送入控制器。控制器对指令进行译码，并根据指令的操作要求向存储器和运算器发出存数、取数和运算命令，经过运算器计算，把结果存放在存储器内。最后，在控制器发出的取数和输出命令的作用下，通过输出设备输出计算结果。

1. 运算器

运算器也称算术逻辑单元，是计算机中对信息进行加工、运算的部件，它的速度决定计算机的运算速度。它的功能是进行算数运算（加、减、乘、除）和逻辑运算（与、或、非、移位等）。

2. 控制器

控制器负责从存储器中取出指令，并对指令进行译码。根据指令的要求，按时间的先后顺序，负责向其他各部件发出控制信号，保证各部件协调一致工作，一步一步地完成各种操作。控制器主要由指令寄存器、译码器、程序计数器和操作控制器等组成。控制器的作用是控制计算机各个部件协调工作，并使整个处理过程能够有秩序地进行。通常控制器和运算器统一被称为中央处理单元，即 CPU。

3. 存储器

存储器是计算机的重要组成部分，它的功能是存储程序和数据。存储器可分为内存储器和外存储器两种，简称内存和外存。

1）内存储器

内存储器也称主存储器，它直接与 CPU 相连接，是计算机中的工作存储器，储存容量较小，但速度快。内存通常分为随机读写存储器 RAM（Random Access Memory）、只读存储器 ROM（Read Only Memory）和高速缓存存储器（Cache）三种。RAM 中的信息可随机地读出或写入，用来存放用户输入的程序和数据，但在断电后，RAM 中的信息也随之丢失，所以 RAM 用于临时存储数据。而 ROM 可以永久保存数据但不可更改，因此 ROM 常用来存放一些固定的程序或信息。

2）外存储器

外存储器又称辅助存储器，它是内存的延伸。它可用于长期存放计算机工作所需要的系统文件、应用程序、用户程序、数据等。外存的特点是存储容量大、可靠性高、价格低，在脱机情况下可以永久地保存信息。在微机中常用的外存有硬盘、软盘、光盘、U 盘和移动硬盘等。

4. 输入设备

输入设备的功能是接收用户输入的原始数据和程序，通过输入接口输入到计算机的存储器中。常用的输入设备有鼠标器、键盘、扫描仪、数码相机、数字化仪、摄像机、条形码阅读器、传真机、A/D 转换器等。

5. 输出设备

输出设备用于将存放在内存中的计算机处理结果转变为人们所能接受的形

式。最常用的输出设备有显示器、打印机、绘图仪、X—Y 记录仪、各种数模转换器（D/A）等。

1.2.2 软件系统

软件是指控制计算机各部分协调工作并完成各种功能的程序和数据的集合。计算机软件是相对于硬件而言的，它由系统软件和应用软件组成。

1. 系统软件

系统软件主要包括操作系统、程序设计语言、数据库管理系统和各种服务程序。操作系统是最基本的软件，它主要负责为其他应用软件构筑一个平台及管理计算机系统的所有软、硬件资源，如常用的 Windows 2000/XP、Windows 7 等。程序设计语言就是用户用编制程序的方法来处理应用性问题的计算机语言。程序设计语言一般可分为机器语言、汇编语言和高级语言。

2. 应用软件

应用软件是用户利用计算机及其提供的系统软件为解决各种实际问题而编制的计算机程序，是指除了系统软件以外的所有软件，由各种应用软件包和面向问题的各种应用程序组成。由于计算机已渗透到了各领域，因此，应用软件是多种多样的。

应用软件是指能提供某种特定功能的软件，如 Office 2000、Flash、Photoshop 等，它们一般运行在操作系统上。另外，各种杀毒软件、游戏软件等也归列为应用软件。

1.3 计算机硬件

从外观来看，计算机由主机、显示器和键盘等几部分组成，如图1-5所示。

图1-5 计算机外观示意图

1.3.1 主机

主机由中央处理器 CPU 和内存储器组成。在微机中，CPU 被集成在一片超大规模集成电路芯片上，称为微处理器（MPU）。CPU 是将运算器、控制器、高速内部缓存集成在一块芯片上，是计算机最重要的核心部件。内存储器即内存，是微型计算机工作的基础，由只读存储器（ROM）和可读写的随机存储器（RAM）组成。CPU、内存及其他扩展功能芯片都是以插卡的形式安装在主板上。主板又称主机板，是一块带有各种插口的大型印刷电路板（PCB），集成有电源接口、外设接口、内存槽、控制信号传输线路（称为控制总线）、数据传输线路（称为数据总线）以及相关控制芯片等，它将主机的各个部分有机地组合起来。

1. CPU

作为计算机的核心部件，CPU 决定着计算机系统整体性能的高低。CPU 的更新速度非常快，经过三十多年的发展，CPU 已从最初 8 位的 8088 发展到如今 64 位的 Athlon Ⅱ系列、Core i 系列和 Xeon 系列等。2009 年，Intel 公司推出第一代集成 GPU 的 i 系列 CPU，其后，AMD 公司于 2011 年发布集成 GPU 芯片的 Fusion 系列 CPU。CPU 的每次更新换代在推动微型计算机发展的同时，也不断扩大了计算机的应用市场。

2. CPU 的结构与工作原理

从外形来看，CPU 是一个将单晶硅做成长方形或正方形，并进行封装的陶瓷芯片。在陶瓷芯片内部的单晶硅上集成了成千上万个晶体管。CPU 的型号很多，图 1-6 所示为 Intel 公司生产的第四代 Core i7 的外观。

CPU 的内部结构包括运算逻辑部件、寄存器部件和控制部件。这 3 个部件相互协调，共同完成数据的分析、判断和运算功能，并控制其他部件使其协调工作。

CPU 的工作原理为控制单元从存储器或高速缓冲存储器中取出指令，放入指令寄存器中，并对指令译码。它可把指令分解成一系列的微操作，然后发出各种控制命令，执行微操作，从而完成一条指令的执行。

图 1-6　第四代 Core i7 外观

1.3.2　输入设备

微机系统中常用的输入设备有鼠标、键盘、扫描仪、摄像头、数字化仪和光笔。图1-7所示为输入设备。

（a）　　　　　　　　　　　　　　（b）

图1-7　输入设备

（a）扫描仪；（b）摄像头

1. 鼠标器

鼠标器（Mouse）简称鼠标，主要用于移动显示器上的光标并通过按钮或菜单向主机发送操作命令。鼠标按照按键的数目不同可分为两键鼠标、三键鼠标及滚轮鼠标等。按照鼠标接口类型不同可分为PS/2接口的鼠标、USB接口的鼠标、串行接口的鼠标。鼠标按其工作原理不同可分为光电式鼠标、机械式鼠标等，如图1-8所示。

（a）　　　　　　　　　　　　　　（b）

图1-8　鼠标

（a）机械式鼠标；（b）光电式鼠标

2. 键盘

键盘（Keyboard）是微型计算机的主要输入设备，是向计算机发布命令和输入数据的重要输入设备。如果没有键盘或键盘系统，将无法使用微型计算机，键盘起着相当重要的作用。键盘按开关接触方式不同可分为电容式键盘和机械式键盘。早期的键盘共有 83 个键，后来不断增加新的控制键，逐渐发展为标准的 101 个键，再后来，微软定义了 Windows 95 加速键盘，将键盘上的键增加到了 104 个。

1.3.3 输出设备

显示器又称监视器（Monitor），是微型计算机最基本也是必备的输出设备。显示器的种类很多，如按所采用的显示器件分类，有阴极射线管显示器（Cathode Ray Tube，CRT）、液晶显示器（Liquid Crystal Display，LCD）、等离子显示器等。随着液晶显示器价格的下降，LCD 显示器现已在普通台式计算机上广泛使用，CRT 显示器则逐步退出了市场。按所显示的信息内容分类，可分为图形显示器、字符显示器、图像显示器三大类。显示器按其分辨率分为中分辨率显示器和高分辨率显示器。

1.3.4 外存储器

1. 硬盘存储器

硬盘由质地较硬的涂有磁性材料的铝合金圆盘组成，是微机系统的主要外存储器，具有速度快、可靠性高、容量大、几乎不存在磨损问题、使用方便等优点。硬盘外观如图 1-9 所示。

硬盘由多个盘片组成，盘片的每一面都有一个读、写磁头，每个盘面都划分磁道和扇区。硬盘的存储容量可由以下公式得出。

硬盘的存储容量=读写磁头数×柱面数×扇区数×每扇区字节数（512 B）

图 1-9　硬盘外观

如某硬盘有 15 个磁头，8 894 个柱面，每道 63 扇区，则其存储容量为

存储容量=15×8 894×63×512 B=4.3 GB

2. 软盘存储器

软盘存储器由软盘、软盘驱动器、软盘设配器三部分组成。软盘驱动器和软盘设配器安装在主机箱内。软盘是一种涂有磁性物质的聚酯塑料薄膜圆盘，常用的软盘直径为 3.5 in[①]，容量为 1.44 MB，如图 1-10 所示。软盘按磁道和扇区来存储信息。磁道就是以盘片中心为圆心，由外向内编号的同心圆，每一圆

注：① in 为常见非许用单位，1 in=25.4 mm。

周为一个磁道，每个磁道被等分为若干个区域，称为
扇区，每个扇区的容量通常为 512 B。

3. 光盘存储器

光盘存储器是利用激光技术存储信息的装置。目
前，用于计算机系统的光盘可分为固定型光盘和可改
写型光盘等。

图 1-10　软盘

1）固定型光盘

固定型光盘又叫只读光盘，它是由厂家把需要的
信息事先制作到光盘上，用户不能抹除，也不能修改，只能读取盘中的信息。

2）可改写型光盘

可改写型光盘也叫可擦写型光盘，就像使用软盘、硬盘一样，用户可以重复
读/写。目前，计算机系统用的是磁光型可改写光盘（Magneto Optic Disc），简称
MO。MO 可以反复使用一万次以上，可保存 50 年以上，但一次性投资相当高，
速度也比较慢。

4. U 盘（优盘）

U 盘是新一代的存储设备，采用一种闪
速存储器作为存储媒介，无须物理驱动器，
仅通过 USB 接口和主机相连就可以像使用
软、硬盘一样读写文件，如图 1-11 所示。
有些 U 盘有预先烧录在 U 盘芯片中的加密程
序，只有当正确输入密码之后，才能浏览 U
盘加密区的文件。U 盘按存储容量不同有很
多规格，如 512 MB、1 GB、4 GB、8 GB 等。

图 1-11　U 盘

1.4　二　进　制

1.4.1　二进制数据的存储单位

在计算机中，一切信息都以二进制方式存储，这些存储的单位有以下几种。

（1）位（bit）。位是二进制的一个数位，也是计算机中最小的数据单位，有
时简称为"比特"。

（2）字节（Byte）。8 个二进制位为一个字节，即 1 Byte = 8 bit，是计算机中
表示存储空间大小的最基本的容量单位。

（3）字长（word）。在计算机中，作为一个整体被传送和运算的一串二进制数码称为一个计算机字，简称为字（word）。字所包含的二进制位数称为字长。现在微型计算机的字长通常是字节的整数倍，如 16 位机、32 位机、64 位机等。

1.4.2 二进制数据存储的特点

在计算机中，表示一个数值型的数据需要明确以下几个问题。

1. 确定数的长度

在数学中，数的长度一般指它用十进制表示时的位数，例如，123 为 3 位数、54 321 为 5 位数等。而在计算机中，数的长度按 bit 来计算，但因存储容量常以"字节"（Byte）为计量单位，所以数据长度也常以字节计算。

但是必须指出，在同一计算机中，实际长度不等的数据常常处理成等长的，超出部分则"溢出"，不足部分则在前面用"0"填充，如字长为 8 位的计算机表示两位二进制数 11，实际上是 00000011。一般来说，同一类型的数据都使用同样的数据长度，与数的实际长度（二进制位数）无关，如某二进制数 1101 在字长为 8 位的计算机中为 00001101。

2. 数的正负号表示

在计算机中数的正负号也使用"0"和"1"表示，对于有符号的数据，一般用数的最高位（左边第一位）来表示数的符号，并约定以"0"代表正数，以"1"代表负数。

3. 小数点的表示

在计算机中表示数值型数据，小数点的位置总是隐含的，以便节省存储空间。隐含的小数点位置可以是固定的，称为定点数；也可以是可变的，称为浮点数。

1.4.3 二进制数与十进制数

二进制数的每一个数位与十进制数的对应关系分别为

2^{10}	2^9	2^8	2^7	2^6	2^5	2^4	2^3	2^2	2^1	2^0
1 024	512	256	128	64	32	16	8	4	2	1

其中，2^{10} 在计算机领域中称为 K（千），2^{20}（1 024×1 024）称为 M（兆），2^{30}（1 024×1 024×1 024）称为 G（吉）。显然，这与通常意义上的 10^3 称为 k（千）、10^6 称为 M（兆）和 10^9 称为 G（吉）有些差异。

1.5　计算机的启动、关闭与鼠标的使用

要使用计算机，首先需要启动它。计算机的启动和关闭均有几种不同的方法，在不同情况下应使用合适的方法。

1.5.1　计算机的启动

计算机的启动分为冷启动、热启动和复位启动三种方式，下面分别进行讲解。

1. 冷启动

冷启动是指在没有开启电源的情况下启动计算机，其具体操作如下。

（1）打开电源插座开关。

（2）按显示器的开关按钮，电源指示灯亮表示已打开显示器。

（3）按机箱面板上的"Power"按钮，打开主机电源，显示灯亮表示已打开主机。

（4）计算机开始自动运行，并显示启动画面，表示已成功启动计算机并进入操作系统。这时就可以使用计算机了。

2. 热启动

在计算机运行过程中，当遇到系统突然没有响应（如鼠标不能移动、键盘不能输入）等情况时，可以通过热启动重新启动计算机。单击"开始"按钮，在弹出的菜单中选择"关闭计算机"命令，在打开的对话框中单击"重新启动"按钮，即可重新启动计算机。

3. 复位启动

复位启动是指已进入到操作系统界面，由于系统运行中出现异常且热启动失效时所采用的一种重新启动计算机的方式。方法是按下主机箱上的"复位"按钮重新启动计算机。

1.5.2　计算机的关闭

计算机使用完后需要关闭。若直接关闭计算机的电源，不但会丢失保存的信息，也容易损坏计算机。关闭计算机应按照以下步骤进行。

（1）关闭所有已经打开的文件和应用程序。

（2）单击屏幕左下角的"开始"按钮，弹出"开始"菜单，如图1-12所示。

（3）单击"关机"按钮即可安全关闭计算机。

（4）最后，关闭显示器和电源总开关。

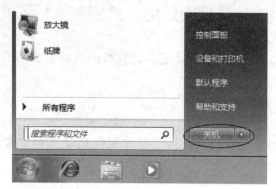

图 1-12 关机

1.5.3 鼠标的使用方法

Windows 操作系统具有很直观的图形化操作界面，需要通过鼠标进行操作。鼠标在计算机屏幕上一般显示为箭头形状，称为鼠标指针，移动鼠标时其指针也随之移动。

鼠标的操作包括移动、单击、双击、右击和拖动。当系统处于不同的状态时，鼠标的指针也会以不同的形状显示。

1. 手握鼠标的正确方法

手握鼠标的正确方法是：右手的食指和中指自然放在鼠标的左键和右键上，拇指自然放在鼠标左侧，无名指和小指放在鼠标的右侧，拇指、无名指及小指轻轻握住鼠标，手掌心轻轻贴住鼠标后部，手腕自然垂放在桌面上，其中，食指控制鼠标左键，中指控制鼠标右键。图 1-13 所示为手握鼠标的正确方法。

2. 鼠标的 5 种基本操作

要熟练使用计算机，需掌握鼠标的移动、单击、双击、右击和拖动 5 种基本操作。

1）移动

移动鼠标的方法是握住鼠标，在桌面或鼠标垫上随意移动，鼠标指针会随之在屏幕上同步移动。将鼠标指针指向屏幕上的某一对象，称为定位操作，该对象一般会出现相应的提示信息。

图 1-13 手握鼠标的正确方法

2）单击

先移动鼠标，让鼠标指针指向某个对象，然后用食指按下鼠标左键后快速松开按键，鼠标左键将自动弹起还原。单击操作常用于选择对象，被选择的对象呈高亮显示。

3）双击

启动某个程序、执行任务及打开某个窗口、文件夹或图表框时，需要用鼠标左键双击相应的图标。双击是指用食指快速、连续地按鼠标左键两次。例如，在桌面上双击"计算机"图标将打开"计算机"窗口。

4）右击

右击就是单击鼠标右键，松开按键后鼠标右键将自动弹起。在某个对象上右击时，通常会弹出一个相应的快捷菜单（又称右键菜单），可以快速地选择有关命令，如图1-14所示。

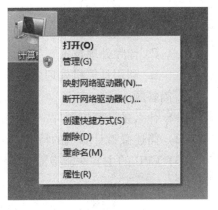

图1-14　鼠标右键菜单

5）拖动

拖动是指将鼠标指针指向某个对象后按住鼠标左键不放，然后移动鼠标把对象从屏幕的一个位置拖动到另一个位置，最后释放鼠标左键，这个过程也被称为"拖拽"。拖动操作常用于移动对象。

思考与练习

1. 填空题

（1）第一台电子计算机诞生于20世纪40年代，组成该计算机的基本电子元件是_____。

（2）现代计算机呈现出了_____、_____、_____、_____的特征。

（3）一个完整的计算机系统由_____系统和_____系统两部分组成。

（4）硬件具有_____的特性，而软件具有_____的特性。

（5）主机由_____和_____组成。

（6）U盘将存储空间划分为_____和_____。

2. 单项选择题

（1）计算机内所有的信息都是以_____数码形式表示的。

A. 八进制 　　　　B. 十六进制 　　　　C. 十进制 　　　　D. 二进制

(2) 以下设备中不属于输出设备的是_____。

A. 打印机 　　　　B. 绘图仪 　　　　C. 扫描仪 　　　　D. 显示器

(3) 微型计算机的更新与发展，主要基于_____的变革。

A. 软件 　　　　B. 微处理器 　　　　C. 存储器 　　　　D. 磁盘的容量

(4) 常说的硬盘容量 80G 是指_____。

A. 80 GHz 　　　　B. 80 GB 　　　　C. 80 Gb 　　　　D. 80 Gs

(5) 多媒体技术是指_____。

A. 图像处理技术

B. 视频处理技术

C. 音频处理技术

D. 利用计算机处理多种媒体信息的技术

3. 简答题

(1) 什么是计算机硬件？它由哪几部分组成？各部分作用是什么？

(2) 简述微型计算机的特点。

(3) CPU 的主要性能指标有哪些？

第2章　Windows 7 操作系统

【知识目标】

（1）了解 Windows 7 的特点、功能、分类及运行环境、启动和退出方法。

（2）掌握 Windows 7 的基本操作。

（3）掌握 Windows 7 文件与文件夹的管理。

（4）掌握 Windows 7 控制面板的用法。

（5）了解 Windows 7 的磁盘维护。

【结构框图】

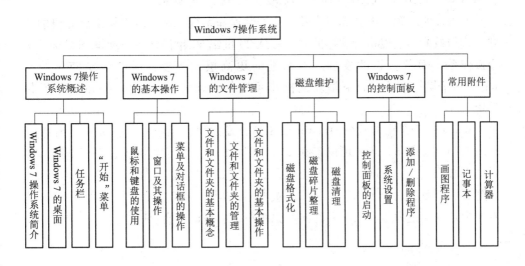

【学习重点】

（1）Windows 7 的特点。

（2）Windows 7 的基本操作。

（3）Windows 7 文件与文件夹的管理。

【学习难点】

（1）Windows7 的文件管理。

（2）Windows7 的磁盘维护。

2.1 Windows 7 操作系统概述

2.1.1 Windows 7 操作系统简介

操作系统是计算机系统中最重要的系统软件，它是一些程序模块的集合——它们管理和控制计算机系统中的硬件及软件资源，合理地组织计算机工作流程，以便有效地利用这些资源为用户提供一个功能强大、使用方便的工作环境，从而在计算机和用户之间起到接口的作用。

操作系统不仅可以对计算机的软、硬件资源进行合理地调度和分配，最大限度地发挥计算机的工作效率，还可以为用户提供方便、有效、友善的服务界面。操作系统是一个庞大的管理控制程序，大致包括五个方面的管理功能，分别是处理器管理、作业管理、存储器管理、设备管理、文件管理。目前常见的操作系统有 Windows、Linux、UNIX、DOS、OS/2、XENIX、Netware 等。

人类发明的第一部计算机中并没有安装操作系统，这是由于早期计算机的建立方式与效能不足以执行这样的程序。从 20 世纪 60 年代开始出现操作系统，至今操作系统随着科技的发展，不断地向更高层次演变，现在主要使用的是 Windows 7 操作系统，时下最新的操作系统是微软公司开发的 Windows 8 操作系统。

Windows 7 是由微软公司（Microsoft）开发的操作系统，核心版本号为 Windows NT 6.1。Windows 7 可供家庭及商业工作环境、笔记本电脑、平板电脑、多媒体中心等使用。Windows 7 包括简易版、家庭普通版、家庭高级版、专业版、旗舰版、企业版六个版本。在这六个版本中，Windows 7 家庭高级版和 Windows 7 专业版是两大主力版本，前者面向家庭用户，后者针对商业用户。

1. Windows 7 的特点

1）更加简单

Windows 7 将会让搜索和使用信息更加简单，包括本地、网络和互联网搜索功能；直观的用户体验将更加高级。

2）更加安全

Windows 7 改进了安全和功能合法性，还将数据保护和管理扩展到外围设备。Windows 7 改进了基于角色的计算方案和用户账户管理，在数据保护和兼顾协作的固有冲突之间搭建了沟通桥梁，同时也开启了企业级的数据保护和权限许可。

3）更好的连接

Windows 7进一步增强了移动工作能力，无论在何时、何地，任何设备都能访问数据和应用程序；开启坚固的特别协作体验；无线连接、管理和安全功能进一步扩展；性能和当前功能以及新兴移动硬件得到了优化；多设备同步、管理和数据保护功能被扩展。另外，Windows 7还带来了灵活的计算基础设施，包括网络中心模型。

4）更低的成本

Windows 7能够帮助企业优化它们的桌面基础设施，具有无缝操作系统、应用程序和数据移植功能，并简化PC供应和升级，系统下载进一步向完整的应用程序更新和补丁方面努力。Windows 7还能对硬件和软件进行虚拟化体验，并能够扩展PC自身的Windows帮助及IT专业问题的解决方案。

2. Windows 7的硬件环境

Windows 7有32位和64位两个版本。Windows 7对硬件设备的最低要求如下：

（1）1 GHz及以上的CPU（安装64位操作系统必须使用64位处理器）。

（2）512 MB以上的内存，64位系统要求2 GB以上，更多的内存通常可以改善系统的响应性能（32位系统最多支持4 GB内存，64位系统支持4 GB以上内存）。

（3）至少有16 GB可用空间的硬盘，64位要求20 GB以上。

（4）有WDDM1.0或更高版驱动的显卡64 MB以上，128 MB为打开Aero的最低配置，不打开的话64 MB也可以。

3. Windows 7的安装

安装Windows 7的方法有很多，可根据自己的实际情况来选择操作系统的具体安装方法。系统的安装方式大致可以分为三种：升级安装、全新安装和多系统共享安装。升级安装即覆盖原有的操作系统，可以在Windows 2000/98/ME/XP中进行升级。全新安装是在没有任何操作系统的情况下安装Windows 7操作系统。全新安装Windows 7的方式有很多，最为简便的方法是通过Windows 7安装光盘引导系统自动运行安装程序。

2.1.2 Windows 7的"桌面"

Windows 7的工作屏幕称为桌面。

1. 桌面上的图标

Windows 7采用图形符号来表示计算机的各种资源，这些图形符号称为图标。

"图标"是指排列的小图像，它主要由图形和说明文字两部分组成。

1）桌面上的图标说明

当用户把鼠标放在图标上停留片刻时，桌面上会显示对图标所表示内容的说明或者是文件存放的路径，双击图标或右击出现快捷菜单后单击"打开"，就可以打开相应的内容。Windows 7 安装好后桌面上默认只有"回收站"一个图标，可在桌面空白处单击右键，然后单击"个性化"，进入"个性化"窗口，单击"更改桌面图标"，进入"桌面图标设置"窗口，可以自定义桌面上显示的图标，如图 2-1 所示。

图 2-1　更改桌面图标设置

"用户的文件"：用于管理当前用户目录下的文件和文件夹，是系统默认的文档保存位置。

"计算机"：用于查看计算机所有资源，用户通过该图标可以实现对计算机硬盘驱动器、控制面板、文件夹和文件的管理等。

"网络"：用于快速访问当前计算机所在局域网中的硬件和软件资源，在双击打开的窗口中用户可以进行查看工作组中的计算机、查看网络位置及添加网络位置等操作，另外可以访问共享的网络打印机。

"回收站"：在回收站中暂时存放着用户已经删除的文件或文件夹信息。当用户误删除某些文件或文件夹且还没有清空回收站时，可以从中还原删除的文件或文件夹。

桌面上的快捷方式图标：快捷方式图标在左下角会有标志，双击该图标或右击出现快捷菜单后单击"打开"即可快速启动程序或打开文件（或文件夹）。

2）创建图标

图标实质上就是打开各种程序和文件的快捷方式，用户可以创建经常使用的程序或文件的图标。在桌面上创建图标的操作步骤是：

① 在空白处单击鼠标右键，在弹出的快捷菜单中选择"新建"命令，在

"新建命令"的子菜单下创建各种形式的图标，如文件夹、快捷方式、文本文档等。

② 当用户选择了所要创建的选项后，会出现相应的图标，可以为它命名，以便于识别。其中当用户选择了"快捷方式"命令后，弹出一个"创建快捷方式"对话框，如图2-2所示。如果知道要添加对象的文件名和路径名，则可直接在命令行中输入，如记得不是很清楚，则可以单击"浏览"按钮，在打开的"浏览文件夹"对话框中选择快捷方式的目标。

③ 在输入正确的查找对象后，单击"下一步"按钮，在随后出现的"选择程序的标题"对话框中输入快捷方式的名称，然后单击"完成"按钮即可建立所需的快捷方式。

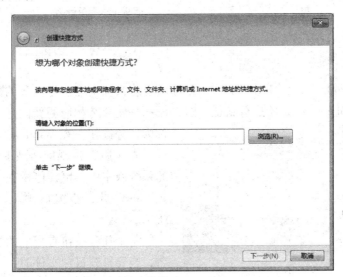

图2-2 "创建快捷方式"对话框

3）图标的排列

用户需要对图标进行位置调整时，可在空白处右击，此时在弹出的快捷菜单中选择"排序方式"命令，在其子菜单项中有多种排列方式，可以选择其中一种进行排列，如图2-3所示。

4）图标的重命名与删除

重命名：右键单击所选图标，在弹出的快捷菜单中选择"重命名"命令，如图2-4所示。当图标的文字说明位置呈反色显示时，用户可以输入新名称，如果文件后有扩展名，如".doc"".xls"".pdf"等，不可以删除扩展名，只需更改扩展名前面的内容，然后在桌面上任意位置单击，即可完成对图标的重命名。

删除：右键单击需删除的图标，在弹出的快捷菜单中选择"删除"命令，如图2-4所示；或选中需删除的图标，然后在键盘上按【Delete】键直接删除。

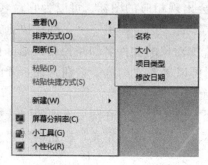

图2-3 "排序方式"命令

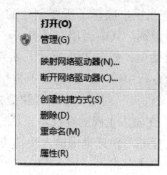

图2-4 "重命名"与"删除"命令

2.1.3 任务栏

在Windows 7中，任务栏的作用是显示当前系统正在执行任务的数量和种类区域。当Windows 7开始执行新任务时，任务栏就会有相应的新图标，此图标又称为任务按钮。在Windows 7家庭高级版、专业版、旗舰版等支持Aero特效的系统版本中，鼠标停留在任务栏的按钮上可以进行小窗口预览，如图2-5所示。

图2-5 Windows 7的任务栏

每个任务按钮有相应的图案和任务名，当要打开目标文件时，可以单击任务按钮或按【Alt】+【Tab】组合键切换任务。在Windows 7中，可以右键单击任务栏，在弹出的菜单中选择是否锁定任务栏，任务栏未锁定时可将其拖动至桌面的上下左右侧。

2.1.4 "开始"菜单

1. "开始"菜单

"开始"菜单在Windows 7中占有重要的位置。在这个菜单中可以启动大多数应用程序、查看计算机中已保存的文档、快速查找需要的文件或文件夹、进行系统设置以及注销用户和关闭计算机等。在桌面左下角任务栏上单击"开始"按钮或者在键盘上按【Ctrl】+【Esc】组合键可以打开"开始"菜单，如图2-6所示。

2. "开始"菜单的使用

1）启动应用程序

当用户需要启动某应用程序时，可以直接单击桌面上对应的快捷方式，也可以通过打开"开始"菜单单击所需应用程序。在打开的"开始"菜单中把鼠标指向"所有程序"菜单项，这时会出现"所有程序"的级联子菜单，在其级联子菜单中若所需程序还有黑色箭头，则说明还会有下一级的级联菜单，当其选项旁边不再带有黑色的箭头时，单击该程序名，即可启动此应用程序。

图2-6　"开始"菜单

2）查找内容

当用户不知文件或内容位置时，可以在桌面上单击"开始"按钮，在打开的"开始"菜单中选择"搜索"命令进行查找。

3）运行命令

在"开始"菜单中选择"运行"命令，可以打开"运行"对话框，如图2-7所示。使用时需要在"打开"文本框中输入完整的程序或文件路径以及相应的网站地址，当用户不清楚完整的程序或文件路径时，单击"浏览"按钮，在打开的"浏览"对话框中选择要运行的可执行程序文件，然后单击"确定"按钮即可。利用这个对话框，用户能打开程序、文件夹、文档或者网站相应的窗口。

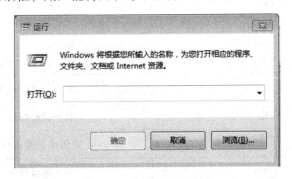

图2-7　"运行"对话框

4）帮助和支持

在"开始"菜单中选择"帮助和支持"即可打开"帮助和支持中心"窗口，其可为用户提供帮助主题、指南、疑难解答和其他支持服务。

2.2　Windows 7 的基本操作

2.2.1　鼠标和键盘的使用

1. 鼠标操作

在 Windows 7 操作系统中，常用的鼠标操作有以下 6 种：

（1）指向：将鼠标指针移到某个对象上，用于激活对象或显示提示信息。

（2）单击：按住鼠标左键点击一下，用于选择某个对象、选项等。若是执行多项任务，则在单击的同时按住【Ctrl】键或【Shift】键。

（3）双击：按住鼠标左键连续点击两下，用于启动程序或打开窗口。

（4）右击：按住鼠标右键点击一下，用于打开对象的快捷菜单或帮助提示。

（5）左键拖放：单击左键选中对象，按左键拖住不放，移动鼠标到另一个地方再松开。用于移动对象、滚动条操作或标尺滑块操作等。

（6）右键拖放：先单击左键选中对象，按右键拖住不放，移动鼠标到另一个地方再松开，用于移动、复制或创建对象的快捷方式。

在 Windows 7 中使用鼠标时，鼠标指针经常发生变化，不同的形状代表不同的任务和状态。鼠标指针的形状如表 2-1 所示。

表 2-1　鼠标指针的形状

鼠标指针的形状	所代表的含义
⍈	进行常规操作
⍈○	后台操作
○	请稍候，计算机正忙
↕	垂直调整窗口大小
↔	水平调整窗口大小
⤡ ⤢	对角线调整窗口大小
✛	可以移动

续表

鼠标指针的形状	所代表的含义
🖑	链接转向
✛	绘制或选择图形时精度选择
⌖?	帮助选择
Ⅰ	区域内输入文字

2. 键盘操作

在 Windows 7 中，使用键盘操作时经常使用的是组合键，因此，要记住一些常用的组合键及其功能。

【Alt】+【F4】：关闭当前窗口直到关机。

【Alt】+【Tab】：在当前打开的各窗口之间切换。

【Ctrl】+【Shift】：切换输入法。

【Ctrl】+【home】：跳到文件开头。

【Ctrl】+【X】：剪切。

【Ctrl】+【C】或【Ctrl】+【Insert】：复制。

【Ctrl】+【V】或【Shift】+【Insert】：粘贴。

【Ctrl】+【Space】：切换中英文输入法。

【Ctrl】+【Esc】：打开"开始"菜单。

2.2.2　窗口及其操作

Windows 7 操作系统的窗口是图形用户界面（GUI）的基本组成元素之一。当用户打开一个文件或者应用程序时，都会出现一个窗口。

1. 认识 Windows 7 的窗口

（1）Windows 7 允许同时在屏幕上显示多个窗口，且每个窗口都包括了相同的组件，图 2-8 所示为 Windows 7 的"计算机"窗口。

窗口尤其是资源管理器窗口一直是我们用来和计算机中文件打交道的重要工具，在 Windows 7 中，窗口的几项重大改进让我们可以更方便地管理和搜索文件。

在窗口的左上角是醒目的"前进"与"后退"按钮——这更像之前在浏览器中的设置——而在其旁边的向下箭头则分别给出浏览的历史记录或可能的前进

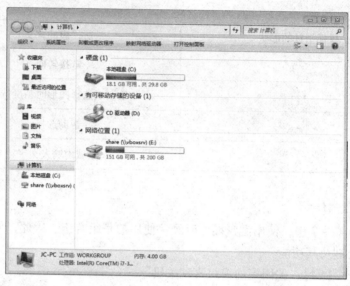

图 2-8　Windows 7 的"计算机"窗口

方向；在其右边的路径框给出了当前目录的位置，且其中的各项均可选择，帮助用户直接定位到相应层次。而在窗口的右上角，则是功能强大的搜索框，在这里可以输入任何想要查询的搜索项。

在其下方的工具面板则可视作新形式的菜单，其标准配置包括"组织"等诸多选项，其中"组织"项用来进行相应的设置与操作，其他选项根据文件夹具体位置不同，在工具面板中还会出现其他的相应工具项，如浏览回收站时，会出现"清空回收站""还原项目"选项；而在浏览图片目录时，则会出现"放映幻灯片"选项；浏览音乐或视频文件目录时，相应的播放按钮则会出现。

主窗口的左侧面板由两部分组成，位于上方的是收藏夹链接，如文档、图片等；其下则是树状的目录列表，值得一提的是目录列表面板中显示的内容会自动聚中，这样在浏览长文件名或多级目录时就不必再拖运滑块以查看具体名称。另外，目录列表面板可折叠、隐藏，而收藏夹链接面板则无法隐藏。

2. 窗口的操作

窗口操作在 Windows 7 系统中是很重要的，用户可以通过鼠标使用窗口上的各种命令来操作，也可以通过键盘来使用快捷键操作。基本的操作包括打开、移动、缩放、排列窗口以及切换窗口等。

1）打开窗口

当用户需要打开一个窗口时，可以使用两种方式来实现：

（1）选中要打开的窗口图标，然后左键双击；

（2）右击选中的图标，在弹出的快捷菜单中选择"打开"命令，如图2-9所示。

2）移动窗口

打开一个窗口后，用户不但可以通过鼠标来移动窗口，而且可以通过鼠标和键盘配合的方式完成。其具体操作是将鼠标指针移动到窗口标题栏，按住左键不放，移动到合适的位置后再松开，此时即可完成移动窗口的操作。当用户需要精确地移动窗口时，可以在标题栏上右击，在弹出的快捷菜单中选择"移动"命令，当屏幕上出现 ✥

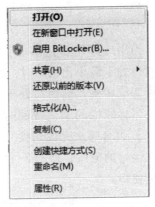

图2-9 "打开"命令

时，通过按键盘上的方向键移动到合适的位置后用鼠标单击或者按回车键确认，如图2-10所示。

图2-10 "移动、大小、最小化、最大化"命令

3）缩放窗口

可以随意改变窗口大小并将其调整到合适的尺寸：

若需要改变窗口的宽度，首先将鼠标移到窗口的垂直边框上，当鼠标指针变成双向箭头 ⟺ 时，可以任意拖动。若需要改变窗口的高度，首先把鼠标放在水平边框上，当指针变成双向箭头 ↕ 时进行拖动。若需要对窗口进行等比缩放，可以把鼠标放在边框的任意角，当出现 ⤢ ⤡ 时拖动即可。

同样用户也可以通过鼠标和键盘配合来完成窗口的缩放，如图2-10所示，在打开的快捷菜单中选择"大小"命令，调整至合适位置时，单击或者按回车键结束即可。

4）最大化、最小化、还原和关闭窗口

最小化按钮：对暂时不需要的窗口实行最小化，可以节省桌面空间。在标题栏上单击 ▭ 按钮，窗口会以按钮的形式缩小到任务栏。

最大化按钮：窗口最大化时会铺满整个桌面，这时是不能移动或缩放窗口的。用户在标题栏上单击 ▭ 按钮即可使窗口最大化。

还原按钮：当把窗口最大化后需要恢复原来打开时的初始状态时，单击 ❐ 按钮即可实现对窗口的还原。

另外，用户在标题栏上双击也可以实现最大化与还原两种状态的切换。

5）切换窗口

当用户打开多个窗口时，需要在各个窗口之间进行切换，最简单的方法就是当窗口处于最小化状态时，用户在任务栏上选择所要操作窗口的按钮，然后单击即可完成切换。当窗口处于非最小化状态时，可以在所选窗口未被挡住位置单击，当标题栏的颜色变深时，表明完成了对窗口的切换。我们也可按【Alt】+【Tab】组合键来完成切换，此时屏幕上会出现切换任务栏，在其中列出了当前正在运行的窗口，如图2-11所示，选中后再松开两个键，选择的窗口即可成为当前窗口。

图2-11　切换任务栏

用户也可以按【Alt】+【Esc】组合键完成窗口切换，即先按住【Alt】键，然后再通过按【Esc】键来选择需要打开的窗口，但是它只能改变激活窗口的顺序，而不能使最小化窗口放大，所以多用于切换已打开的多个窗口。

6）关闭窗口

用户完成对窗口的操作后，需要关闭窗口，可以单击右上方的 ⊠ 按钮关闭当前窗口；也可以在标题栏上右击，在弹出的快捷菜单中选择"关闭"命令；另外，还可以按【Alt】+【F4】组合键关闭窗口。假如此时窗口处于最小化状态，则可以在任务栏上选择该窗口的按钮，然后在右击弹出的快捷菜单中选择"关闭"命令。

2.2.3　菜单及对话框的操作

1. 菜单

菜单是一种形象的称呼，其将命令用列表的形式组织起来，当用户需要执行某种操作时，只要从中选择对应的菜单项，即可进行相应的操作。Windows 7主要包括三种菜单，分别为"开始"菜单、下拉式菜单和快捷菜单。前边已经介绍了"开始"菜单，下面着重介绍下拉式菜单和快捷菜单。

1）下拉式菜单

打开任一文件夹后，从窗口的菜单栏中任意单击一个菜单名，都会显示一个下拉菜单，如单击"查看"菜单，将会显示"查看"的下拉菜单。一个典型的下拉菜单如图2-12所示。

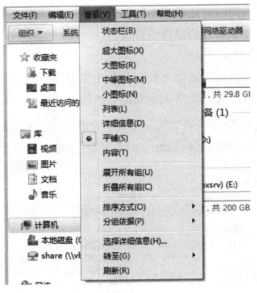

图2-12　"查看"下拉菜单

2）快捷菜单

快捷菜单是在选定的对象上右键单击鼠标，此时会弹出菜单，此菜单的主要作用是可快速操作，提高效率。

2．菜单操作

关于菜单的操作，需要注意以下几个问题：

（1）如果在打开某个菜单时，菜单项的最下面显示一个 ⌄ 符号，表示还有隐藏的菜单，单击后全部显示。

（2）如果某个菜单项右侧显示一个黑色三角，表示该菜单项下面还有子菜单。将鼠标指针指向该菜单命令时，会弹出子菜单，用户可以在子菜单中选择相应的命令。

（3）如果某个命令或菜单名称显示为浅灰色，表示当前状态下该命令无效。

（4）若菜单命令前有图标，表示在工具栏中可以包含这些命令的工具按钮。

（5）若某个命令之后带有后缀"..."，表示选择该命令时会出现对话框，用户可以在对话框中完成更复杂的设置。

（6）若菜单命令的右边有快捷键，表示在编辑状态下直接按该快捷键，就可以执行该命令。

3. 对话框及其操作

对话框在 Windows 7 系统中占有重要的地位，是用户与 Windows 7 系统进行信息交流的场所，不同的对话框有不同的外观。在对话框中用户可通过选择不同的选项对系统进行对象属性的修改或者设置。

1）对话框的组成

对话框的组成和窗口有相似之处，一般由文本框、列表框、下拉列表框、单选按钮和复选框、微调按钮及滑块等几部分组成，如图 2-13 所示。

图 2-13 对话框的组成

（1）文本框：主要用于文本的输入，当用鼠标单击空白文本框，在空白文本框内出现闪烁的"I"时，即可输入正文。如果文本框中已有正文，则可全部选中，然后输入文字代替已有正文，也可用【Delete】或【Backspace】键删除文本框正文后再输入所需内容。

（2）列表框：列表框可显示多个选择项，用户可选择其中一项。当不能一次全部显示选择项时，会自动出现一个滚动条。

（3）下拉列表框：下拉列表框可选择多重选项，单击 ▼ 键，将出现一个列表选项供用户选择。

（4）单选项和复选项：单选项是相互排斥的选项组，选择其中一个，前面会有 ⦿ 标志，不能用的选项将呈灰色；复选项是相互不会排斥的选项组，每次可选择一个或几个，选中项的前面会有 ☑ 标志。

（5）微调按钮：主要用于数据的微调和输入，单击 ◈ 标志的上下键可增减数值，另外也可以直接输入所需数值。

（6）滑块：移动滑块 ——◉—— 标志也可实现数值的改变。

2）对话框的操作

对话框的操作包括对话框的移动和关闭、对话框中的切换及使用对话框中的帮助信息等。下面就来介绍关于对话框的有关操作。

（1）对话框的移动和关闭。

对话框的移动：用户要移动对话框时，可以单击对话框的标题栏并按住鼠标左键拖动到目标位置再松开；也可以在标题栏上右击，弹出快捷菜单，选择"移动"命令，然后使用键盘上的方向键来改变对话框的位置，直到对话框到达目标位置时单击或者按回车键确认即可。

对话框的关闭：单击"确认"按钮或者"应用"按钮，可关闭对话框，并可执行对话框中的修改命令；单击"取消"按钮或者直接在标题栏上单击"关闭"按钮或在键盘上按【Esc】键都可以退出对话框且不执行各项命令。

（2）对话框中的切换。

有的对话框中包含多个选项卡，在每个选项卡中包含不同的选项组，在操作对话框时，可以利用鼠标来切换，也可以使用键盘来实现切换。

在不同的选项卡之间的切换：用户直接单击选项卡，用鼠标进行切换；也可以按【Ctrl】+【Tab】组合键从左到右切换各个选项卡或按【Ctrl】+【Tab】+【Shift】组合键反向顺序切换。

在相同的选项卡中的切换：在相同的选项组之间的切换，可以使用键盘上的方向键来完成。

2.3　Windows 7 的文件管理

2.3.1　文件和文件夹的基本概念

1. 文件的概念

文件是一组相关信息的集合，集合的名称叫作文件名，Windows 7 正是通过文件名来识别和访问文件的。计算机操作或处理的对象是数据，而数据则是以文件的形式储存在存储器上的。在个人计算机系统中，文件是最小的数据组织单位，而文件夹是存放文件的组织实体。文件中可以存放文本、图像以及数值数据等信息，而硬盘可以存储很多的文件。文件夹是按照树型结构进行组织的，一个文件夹中可以保存多个文件，也可含有下属子文件夹。

2. 文件的类型

在 Windows 7 系统中，文件有很多类型，不同类型的文件在 Windows 7 中使用的图标不同。文件的类型是根据它们所含信息类型的不同进行分类的。

（1）程序文件。程序文件由可执行的代码组成。在系统中，程序文件的文件扩展名一般为".com"和".exe"等。

（2）文本文件。文本文件是一种由若干行字符构成的计算机文件，通常由字母和数字组成。一般情况下，文本文件的扩展名均为".txt"。

（3）图像文件。图像文件是指存放图片信息的文件。图像文件的格式有很多种，常见的格式有 BMP 格式、TIFF 格式、GIF 格式以及 JPEG 格式等。

（4）多媒体文件。多媒体文件是指数字形式的声音和影像文件，一般支持 AVI、MOV、WAV、MID、MPEG 及 MP3 格式。

（5）字体文件。Windows 7 带有很多字体，这些字体都是 TrueType 字体。

（6）数据文件。数据文件中一般包含有数字、名字、地址和其他由数据库及电子表格等程序创建的信息，数据文件有下列特征：

① 一个数据文件仅与一个数据库联系。

② 数据文件一旦建立就不能改变大小。

③ 一个表空间（数据库存储的逻辑单位）是由一个或多个数据文件组成的。

3. 文件和文件夹的命名规则

在 Windows 7 系统中，文件和文件夹的命名遵循一定的规则要求。

（1）允许文件名最长可达 255 个西文字符，同时包括空格。

（2）文件名由主文件名和扩展名两部分组成，主文件名可以使用大写字母 A~Z、小写字母 a~z、数字 0~9 和一些特殊符号，也可使用多间隔的扩展名。

（3）常用的扩展名有：

EXE：可执行文件	COM：命令文件	BAT：批处理文件
TXT：纯文本文件	DOC：Word 文档	BMP：位图文件
AVI：视频文件	WAV：声音文件	SYS：系统文件
PPT：PowerPoint 文件	XLS：Excel 文件	ICO：图标文件

（4）文件名中除开头以外的其他地方都可以有空格，但不能是下列符号：

$$? \quad \backslash \quad / \quad * \quad " \quad < \quad > \quad |$$

（5）Windows 7 保留用户指定名字的大小写格式，但不区分英文大小写，如："ABC.doc"和"abc.doc"表示同一个文件。

（6）查找和排列文件时，可以使用通配符"？"和"＊"。其中，"？"表示文件名中的一个字符，而"＊"可以表示文件名中的任意长的一个字符串。

（7）在Windows 7中，同一个文件夹中的文件或子文件夹不可同名。

2.3.2　文件和文件夹的管理

Windows 7系统将"资源管理器"与"计算机"融合在了一起，大大地方便了文件管理的操作。

1. 资源管理器

资源管理器的主要功能是管理本地资源和网络资源。资源管理器文件夹窗口与Windows 7资源管理器窗口的使用基本相似。

1）启动资源管理器

双击"计算机"图标，打开"计算机"窗口，如图2-14所示。

通过该窗口用户可以清楚地了解该计算机上的各种资源，如硬盘驱动器、软盘驱动器、CD驱动器以及控制面板等。这些资源主要是以图标的形式表现出来的，通过对这些图标的操作，可以实现对指定对象的查看和管理，对文件、文件夹的管理方式以及对系统的设置和管理。

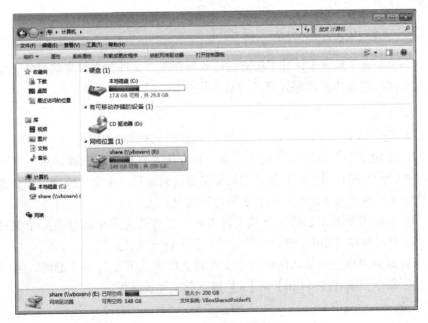

图2-14　资源管理器窗口

2）调整左右两个子窗口的大小

"资源管理器"的两个子窗口，左边显示了驱动器和文件夹的树状结构，右边显示当前选定对象的文件夹和文件。其大小调整方法是：将鼠标指针移到左右两个子窗口中间的分割条位置，当指针变为双箭头时拖动即可。

3）浏览文件夹内容

在左边的窗格中，若驱动器或文件夹前面有"▷"号，表明该驱动器或文件夹还有子文件夹，单击"▷"号或双击文件夹图标可展开其所包含的子文件夹，当展开后，"▷"号会变成"◢"号；单击"◢"号或双击文件夹图标，可折叠已展开的内容。

3. 回收站

用户从硬盘中删除文件或文件夹，Windows 7会将其自动放入"回收站"中，直到用户将其清空才真正的删除。

（1）清空"回收站"：双击桌面上的"回收站"图标，选择"文件"菜单中的"清空回收站"命令；也可以直接选中回收站图标，右击弹出快捷菜单，选择"清空回收站"命令。

（2）还原已删除的文件：双击桌面上的"回收站"图标，选定文件或文件夹，在"文件"菜单中选择"还原"命令。

2.3.3　文件和文件夹的基本操作

在Windows 7系统中，几乎所有的任务都会涉及文件和文件夹的操作，掌握文件和文件夹的操作是用好计算机的基本前提。

1. 选择文件或文件夹

（1）选定单个文件或文件夹：用鼠标单击要选择的对象即可。

（2）选定多个相邻的文件或文件夹，其方法是：单击要选择的第一个文件或文件夹，然后按住【Shift】键，同时单击待选的最后一个文件或文件夹，当位于其中的文件和文件夹均变蓝时，表明已经选定。

（3）选定多个不相邻的文件或文件夹：单击待选定项中的任意一个文件或文件夹，然后按住【Ctrl】键，用鼠标逐个单击待选项目。

（4）如果用户想全部选定窗口中文件和文件夹，可以选择"编辑"→"全部选定"命令，或者按【Ctrl】+【A】组合键来完成操作。

2. 新建文件夹

创建新文件夹可执行下列操作步骤：

（1）双击"计算机"图标，打开"计算机"，选择"文件"→"新建"→

"文件夹"命令，此时会显示新文件夹的名称窗口，输入新的名称，按【Enter】键或单击空白地方即可。

（2）右击，在弹出的快捷菜单中选择"新建"→"文件夹"命令即可。

3. 复制和移动文件或文件夹

1）复制文件或文件夹

（1）菜单方法：选择要复制的文件或文件夹，选择"编辑"菜单中的"复制"命令，在文件夹目录区中选择目标盘，并打开目标文件夹或驱动器，选择"编辑"菜单中的"粘贴"命令即可完成。

（2）快捷菜单的方法：右击要复制的文件或文件夹，在弹出的快捷菜单中选择"复制"命令，在文件夹目录区中选择目标盘，并打开目标文件夹，在空白处单击鼠标右键，弹出快捷菜单，选择"粘贴"命令即可。

（3）使用发送命令按钮的方法：若要将文件复制到软盘上，选定需要复制的文件或文件夹，再从"文件"菜单中选择"发送至"命令，最后选择需要的软盘驱动器名称即可。

（4）用鼠标的方法：在同一驱动器中复制文件，选择需要复制的文件或文件夹，按住【Ctrl】键，用鼠标左键拖动文件或文件夹到所需位置，在鼠标下方会出现"+"号，释放鼠标完成复制。在不同驱动器中复制文件，直接拖动即可，无须按住【Ctrl】键。

2）文件或文件夹的移动

（1）菜单的方法：选择要复制的文件或文件夹，选择"编辑"菜单中的"剪切"命令，在文件夹目录区中选择目标盘，并打开目标文件夹或驱动器，选择"编辑"菜单中的"粘贴"命令即可。

（2）用鼠标的方法：在同一驱动器中复制文件，选择需要移动的文件或文件夹，按住鼠标左键，直接拖动文件或文件夹到所需位置。在不同驱动器中复制文件，按住【Shift】键，然后用鼠标拖动文件或文件夹到所需位置即可。

4. 重命名文件或文件夹

重命名文件或文件夹是为了用户更方便管理和查找而给文件或文件夹重新命名一个新的名称。主要有以下几种方法：

（1）菜单的方法：选择要重命名的文件或文件夹，单击"文件"菜单，选择"重命名"命令，文件名被激活，输入新文件名，按回车键或在文件名以外单击，即可完成对文件名的更改。

（2）用鼠标的方法：选定要重命名的文件或文件夹，再次单击（但不能用连续双击代替两次单击，中间要有个停顿），输入新文件名，按回车键或在文件名外单击，即可完成文件名的更改。

（3）用功能键的方法：选定要重命名的文件或文件夹，按【F2】键，文件名将被激活，输入新文件名，按回车键即可完成操作。

（4）使用快捷菜单的方法：选定要重命名的文件或文件夹，右击会弹出快捷菜单，选择"重命名"命令，输入新文件名，按回车键或在文件名外单击，即可完成文件名的更改。

5. 删除文件或文件夹

删除文件或文件夹的方法有以下几种：

（1）选定要删除的文件，选择"文件"→"删除"命令。

（2）选定要删除的文件，右击将弹出快捷菜单，选择"删除"命令。

（3）选定要删除的文件，按【Delete】键。

在以上操作之后都会出现如图 2-15 所示对话框，在"删除文件夹"对话框中，若确认删除，则单击"是"按钮，否则单击"否"按钮。

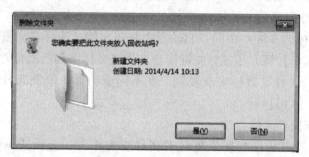

图 2-15 "删除文件夹"对话框

6. 搜索文件和文件夹

在"资源管理器"窗口右上角位置有一个搜索框，如图 2-16 所示，在其中输入文字即可进行搜索（包括通配符"？"和"＊"）。另外，可添加搜索筛选项如种类、修改日期等信息进行搜索。

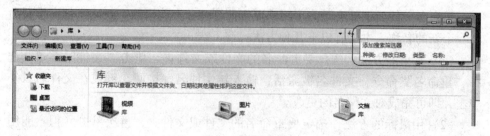

图 2-16 搜索框

7. 使用文件属性

文件或文件夹包含三种属性：只读、隐藏和存档。若将文件或文件夹设置为"只读"属性，则该文件或文件夹不能更改和删除，只能进行读操作；若将文件或文件夹设置为"隐藏"属性，则该文件或文件夹在常规显示中将看不到也无法使用；若将文件或文件夹设置为"存档"属性，则表示该文件或文件夹是一般的可读写文件。

2.4　磁　盘　维　护

磁盘维护包括磁盘格式化、磁盘清理、磁盘碎片整理等。

2.4.1　磁盘格式化

磁盘格式化可分为硬盘格式化和软盘格式化两种。硬盘格式化又可分为高级格式化和低级格式化，高级格式化是指在 Windows 7 操作系统下对硬盘进行的格式化操作；低级格式化是指在高级格式化操作之前，对硬盘进行的分区和物理格式化。新购买的磁盘出厂之前已经格式化，对于旧磁盘，若已使用很久并经常出现读写错误或感染了无法清除的病毒或用户想彻底清除所有信息，则可以进行格式化。

进行磁盘格式化的具体操作如下：

（1）若要格式化的磁盘是 U 盘，则应先将其插入机器；若要格式化的磁盘是本地硬盘，则执行第二步。

（2）打开"计算机"窗口，选择要进行格式化操作的磁盘，选择"文件"→"格式化"命令或右击要进行格式化操作的磁盘，在弹出的快捷菜单中选择"格式化"命令。

（3）单击"开始"按钮，格式化完毕后，单击"确定"按钮。

2.4.2　磁盘碎片整理

磁盘碎片整理是对硬盘文件进行系统化整理的工具，将文件的存储位置整理到一起，同时合并可用空间，可大大提高硬盘的访问速度。运行磁盘碎片整理的具体操作如下：

（1）单击"开始"按钮，依次选择"所有程序"→"附件"→"系统工具"→"磁盘碎片整理程序"命令，打开"磁盘碎片整理程序"对话框。

（2）选择一个磁盘，单击"分析"按钮，系统可分析该磁盘是否需要进行磁盘碎片整理。

（3）单击"查看报告"按钮，可弹出"分析报告"对话框，若分析报告结果提示需要进行磁盘碎片整理，则单击"碎片整理"开始进行，结束后，系统会提示完成。

2.4.3 磁盘清理

由于计算机在使用过程中会不断产生垃圾文件，所以可通过磁盘清理来帮助用户释放硬盘驱动器空间，删除临时文件和缓存文件，以提高计算机系统性能。磁盘清理的具体操作如下：

（1）单击"开始"按钮，选择"所有程序"→"附件"→"系统工具"→"磁盘清理"命令，打开"选择驱动器"对话框。

（2）选择要清理的驱动器后，单击"确定"按钮，可弹出该驱动器的磁盘清理对话框，打开"磁盘清理"选项卡，如图 2-17 所示。

图 2-17 "磁盘清理"选项卡

（3）选中某文件类型前的复选框，在进行清理时即可将其对应的内容删除。

（4）单击"确定"按钮，将弹出"磁盘清理"确认删除的对话框，单击"是"按钮，将会弹出"磁盘清理"进度对话框，清理完毕后，该对话框会自动消失。

2.5 Windows 7 的控制面板

2.5.1 控制面板的启动

控制面板是用来对计算机系统进行设置的工具集。通过"控制面板",用户可根据自己的习惯与爱好进行基本的系统设置和控制,如修改系统时间,设置键盘、鼠标,添加硬件,添加或删除输入法,添加或删除软件,控制用户账户,更改辅助功能选项,等等。启动控制面板的方法有多种,最常用的有以下两种:

(1)"开始"菜单中的"控制面板"访问;

(2)在"计算机"窗口中单击"打开控制面板"。

控制面板启动后会出现如图 2-18 所示的窗口。

图 2-18 Windows 7 的"控制面板"视图

2.5.2 系统设置

1. 更改日期和时间

可执行步骤:在"控制面板"内单击"日期和时间"图标,打开"日期和时间设置"对话框，如图2-19所示，即可在选择区修改日期和时间。

2. 设置鼠标和键盘

调整鼠标执行的步骤：单击"鼠标"图标，打开"鼠标属性"对话框，即可进行设置，完毕之后单击"确定"按钮即可。

调整键盘执行的步骤：单击"键盘"图标，打开"键盘属性"对话框，即可进行设置，设置完毕后单击"确定"按钮即可。

3. 输入法的添加、删除和设置

很多输入法软件都有自动安装程序，用户可根据需要任意添加、卸载输入法。

单击"区域和语言"图标，在"区域和语言"对话框中切换到"键盘和语言"选项卡，单击"更改键盘"按钮，打开"文本服务和输入语言"对话框，可以添加或删除输入法，如图2-20所示。

图2-19　"日期和时间设置"对话框

图2-20　输入法更改

2.5.3　添加/删除程序

在Windows 7系统中，除了某些不需要安装的"绿色"软件之外，其他的必须事先进行安装。安装和删除都必须借助专门的Windows 7组件进行操作。

用Windows 7提供的"卸载或更改程序"功能进行操作，具体步骤如下：在"控制面板"窗口中单击"程序和功能"图标，打开"卸载或更改程序"对话框。如图2-21所示。

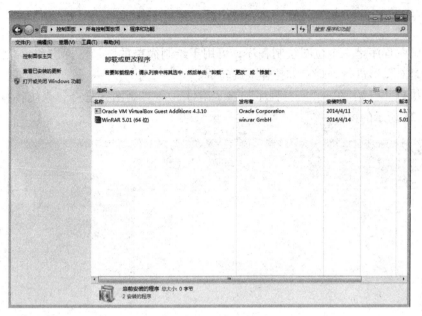

图 2-21　卸载或更改程序

1. 安装新程序

安装方式通常有三种，即完全安装、典型安装和自定义安装。完全安装是指安装软件的所有子程序和相关数据库；典型安装是指只安装一些常用的子程序和部分数据库；自定义安装是指用户可以自己定义安装哪些子程序和数据库。

2. 删除程序

在 Windows 7 中，卸载应用程序包括删除应用程序包含的所有文件，删除系统注册表中该应用程序的注册信息以及该程序在"开始"菜单中的快捷方式。通常情况下，在 Windows 7 中卸载应用程序的方法有三种：一是用专门删除程序的软件，如 Windows 优化大师；二是使用应用程序自身提供的卸载程序；三是使用控制面板中的"卸载或更改程序"功能。

2.6　常用附件

为了满足日常工作的需要，Windows 7 提供了多个实用程序，这些程序虽然不具备专用程序那样强大的功能，但完全可以满足日常工作的需要，并且由于这些程序短小，启动后所占用的系统资源较少，所以称它们为附件程序。Windows 7 的附件程序主要有画图程序、记事本和计算器等。

2.6.1 画图程序

画图程序是一个位图绘制程序，可用于绘制简单的图形、标志和示意图等，或者是对图形进行处理，如拉伸或旋转等。

执行"开始"→"所有程序"→"附件"→"画图"命令，系统将打开如图 2-24 所示的窗口。

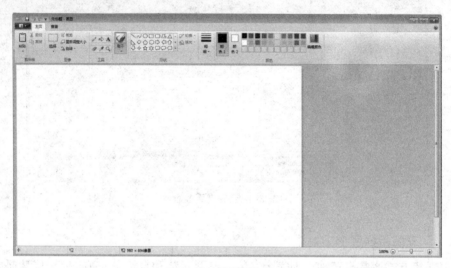

图 2-22 "画图"窗口

"画图"窗口主要由绘图区、工具箱和颜料盒组成。窗口中间的空白部分是绘图区，用户在这里绘制图形。画图程序支持多种格式的图片，包括".bmp"".jpg"".gif"".TIF"".png"".ico"等。其中，".ico"是 Windows 7 图标文件，其余都是常见的图形格式。

2.6.2 记事本

记事本用来处理长度小于 64 KB 的纯文本文件，是一个编辑 ASCII 文本文件的程序，这些文件是没有任何特殊格式代码或控制字符的文件。记事本常用来编辑简单的文本文件，特别是用来临时处理程序员的源程序。它的装入速度快，易于学习和使用。

从"开始"按钮的"所有程序"子菜单内选择"附件"菜单项，再单击"记事本"菜单项，即可启动记事本，启动后的"记事本"窗口如图 2-23 所示。

可以看到，记事本程序的菜单栏非常简单，只包括了进行文字编辑的最基本

图2-23　记事本

操作。"文件"菜单中包括新建、打开、保存、打印等选项；"编辑"菜单中包括复制、剪切、粘贴、删除、查找、替换等常用编辑操作；"格式"菜单提供自动换行和字体设置选项，当选中"自动换行"时，在记事本中显示的文本会根据记事本窗口的大小自动调整换行位置。

2.6.3　计算器

计算器是人们在日常生活中应用最广泛的工具之一，Windows 7中也附带了计算器程序，包括标准型、科学型、程序员和统计信息四种选项。用户可以根据自己的需要在标准计算器和科学计算器之间进行切换，如图2-24所示。

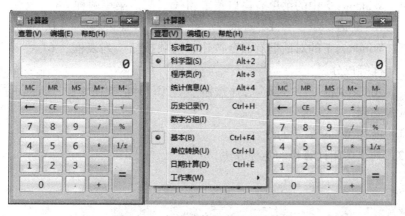

图2-24　标准计算器和科学计算器

普通计算器和科学计算器的转换操作可通过菜单栏的"查看"项进行。此外，若选中了"查看"选项下的"数字分组"，则在数字显示栏里显示的数字按照三位一组用逗号隔开。

思考与练习

1. 填空题

（1）Windows 7 中有三种经典的菜单形式：_____、_____、和_____。

（2）对话框的操作包括对话框的_____、_____、和_____。

（3）文件名由_____和_____两部分组成。

（4）Windows 7 安装方式通常有三种，即_____、_____和_____。

2. 单项选择题

（1）允许文件名最长可达（　　）个西文字符，同时包括空格。

    A. 256　　　　　B. 255　　　　　C. 257　　　　　D. 260

（2）在快速启动栏添加图标，如果要在图标原位置仍保留该图标，则只要在拖曳图标前按住（　　）键不放，拖曳至合适位置后，松开即可。

    A.【Alt】　　　　B.【Ctrl】　　　　C.【Shift】　　　　D.【Tab】

（3）（　　）是为了提高磁盘存储的灵活性，从而提高磁盘空间的利用率。

    A. 格式化磁盘　　　　　　　　B. 磁盘整理

    C. 碎片整理　　　　　　　　　D. 系统自动更新

（4）Windows 7 中的菜单有窗口菜单和（　　）菜单两种。

    A. 对话　　　　　B. 查询　　　　　C. 检查　　　　　D. 快捷

（5）Windows 7 的对话框有命令按钮、选项按钮、列表框、（　　）和选择框等成分。

    A. 文本框　　　　B. 程序按钮　　　　C. 对话按钮　　　　D. 提示按钮

3. 简答题

（1）简述 Windows 7 的特点。

（2）列出关闭计算机的几种方法。

第 3 章 Word 2010 文字处理软件

【知识目标】

（1）了解 Word 2010 的窗口组成。

（2）掌握 Word 2010 文档的基本操作。

（3）了解文本的基本编辑。

（4）掌握文本的格式设置。

（5）掌握表格的插入及表格的编辑。

（6）了解如何添加项目符号和编号、边框和底纹。

（7）掌握图片、文本框及艺术字的插入。

（8）了解如何进行页面设置。

【结构框图】

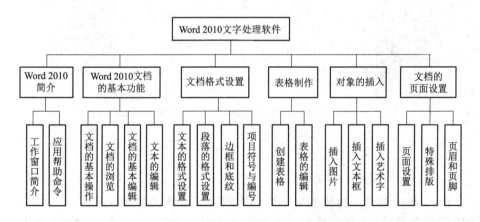

【学习重点】

（1）Word 2010 文本的格式设置。

（2）表格的插入及编辑。

（3）Word 2010 文档中对象的插入。

【学习难点】

（1）Word 2010 文档中表格的编辑。

（2）添加项目符号和编号、边框和底纹。

（3）Word 2010 文档的页面设置。

3.1　Word 2010 简介

3.1.1　工作窗口简介

在成功启动 Word 2010 之后，首先显示的是软件的启动画面，然后是 Word 2010 的主窗口，窗口如图 3-1 所示。

图 3-1　Word 2010 的窗口组成

1. Word 2010 的窗口组成

Word 2010 取消了传统的菜单操作方式，而由各种功能区所取代。在 Word 2010 窗口上方看起来像菜单的名称其实是功能区的名称，当单击这些名称时并不会打开菜单，而是切换到与之相对应的功能区面板，单击 Word 2010 窗口右上角的 可最小化功能区。

1）"开始"功能区

"开始"功能区如图 3-2 所示，包括剪贴板、字体、段落、样式和编辑五个组，对应 Word 2003 的"编辑"和"段落"菜单部分命令。该功能区主要用于帮助用户对 Word 2010 文档进行文字编辑和格式设置，是用户最常用的功能区。

图 3-2　"开始"功能区

2）"插入"功能区

"插入"功能区如图 3-3 所示，包括页、表格、插图、链接、页眉和页脚、文本、符号几个组，对应 Word 2003 中"插入"菜单的部分命令，主要用于在 Word 2010 文档中插入各种元素。

图 3-3　"插入"功能区

3）"页面布局"功能区

"页面布局"功能区如图 3-4 所示，包括主题、页面设置、稿纸、页面背景、段落、排列几个组，对应 Word 2003 的"页面设置"菜单命令和"段落"菜单中的部分命令，用于帮助用户设置 Word 2010 文档页面样式。

图 3-4　"页面布局"功能区

4）"引用"功能区

"引用"功能区如图 3-5 所示，包括目录、脚注、引文与书目、题注、索引和引文目录几个组，用于实现在 Word 2010 文档中插入目录等比较高级的功能。

图 3-5　"引用"功能区

5）"邮件"功能区

"邮件"功能区如图 3-6 所示，包括创建、开始邮件合并、编写和插入域、预览结果、完成几个组，该功能区的作用比较专一，专门用于在 Word 2010 文档中进行邮件合并方面的操作。

图 3-6　"邮件"功能区

6）"审阅"功能区

"审阅"功能区如图 3-7 所示，包括校对、语言、中文简繁转换、批注、修订、更改、比较和保护几个组，主要用于对 Word 2010 文档进行校对和修订等操作，适用于多人协作处理 Word 2010 长文档。

图 3-7　"审阅"功能区

7）"视图"功能区

"视图"功能区如图 3-8 所示，包括文档视图、显示、显示比例、窗口和宏几个组，主要用于帮助用户设置 Word 2010 操作窗口的视图类型，以方便操作。

图 3-8　"视图"功能区

8）滚动条

滚动条包括水平滚动条和垂直滚动条，垂直滚动条比水平滚动条多四个按钮。用户可以利用滚动条上、下或左、右翻滚页面，来查看在一屏中未完全显示的部分文档，对于浏览整个文档十分方便。

3.1.2　应用帮助命令

Word 2010 提供了各种获取帮助的方法，用户可以使用帮助目录和索引获得帮助。单击"文件"→"帮助"→"Microsoft Office 帮助"或是直接在 Word 2010 窗口中按【F1】键即可打开"Word 帮助"窗口，在输入框中输入需要帮助的问题关键字，按【Enter】键，即可查询到相关的帮助信息。

3.2　Word 2010 文档的基本功能

3.2.1　文档的基本操作

　　Word 文档的基本操作是运用 Word 的基础，用户只有在充分掌握这些基本操作之后，才能更好地使用 Word。Word 为建立和完成一个新文档提供了各种工具，其可用于修改文档的外观和完善文档的内容。

　　文档的基本操作主要包括以下几部分：创建新文档、打开文档、保存文档、关闭文档和保护文档。

1. 创建新文档

　　创建一个新建文档是学会使用 Word 的第一步，Word 2010 文档的扩展名是".docx"。一般来说，当用户启动 Word 2010 后，会自动创建一个默认名为"文档 1"的新文档。如图 3-9 所示窗口称为文档编辑窗口，在该文档编辑窗口中，用户可以输入所需要的文本、表格和图形。

图 3-9　文档编辑窗口

1）创建新文档的方法

（1）选择"文件"菜单中的"新建"命令，然后在"可用模板"中选择"空白文档"，单击"创建"按钮即可完成新文档的创建。

（2）按【Ctrl】+【N】组合键。

当创建一个对样式无特殊要求的文档时，按【Ctrl】+【N】组合键是最为方便的方法。

2）"新建"任务窗口

"新建"任务窗口如图 3-10 所示，用户在可用模板中选择空白文档、博客文章、书法字帖等模板。

图 3-10　"新建"任务窗口

选择"根据现有内容创建"，将会弹出"根据现有文档新建"对话框，在该对话框中选择一文件，单击"新建"按钮，Word 2010 将自动以该文档为基础新建一个文档，即新建的文档包含了所选文档的所有内容。

2. 打开文档

打开文档就是指把磁盘中对应的文件调入内存，并显示在工作区中。如果用户需要对已经存在的文档进行操作，就要先打开该文档。在 Word 2010 中，既能够打开本机硬盘上已经存在的位于不同位置的文档，又可以通过网络打开与本机相连的网络上的文档。

Word 2010 中常用的打开文档的方法如下：

1）选择"文件"菜单中的"打开"命令

选择"文件"菜单中的"打开"命令；或按【Ctrl】+【O】组合键，将弹出"打开"对话框，如图 3-11 所示。在"查找范围"下拉列表框中，选择要打开文档所在的位置，在"文件名"下拉列表框中选择文件名，也可以从对话框左边的图标中设置要打开文档的位置，或者直接输入需要打开文档的路径及文件名。一般打开文件的文件类型，系统默认为"所有 Word 文档"（文件扩展名是".docx"或".dot"等）。若要打开其他类型的文件，则可在"文件类型"的下拉列表框中选择文件类型，如".txt"文件。当在该下拉列表框中指定了文件类型之后，在对话框的列表框中将只显示该种类型的文件。"文件类型"列表框中提供了 Word 2010 可以转换的常见文件类型，系统在打开文件的同时自动进行文件格式转换。选择文件位置、名称、类型后，单击"打开"就可以打开指定的文档；双击要打开的文档名称也可将其打开。如果要同时打开多个文档，则可以事先选定多个文档，再单击"打开"按钮。

图 3-11　"打开"对话框

2）打开最近使用过的文档

在"文件"菜单的下方单击"最近所用文件"可以显示最近打开的文件列表，选择其中的文件名可打开该文件。

3. 保存文档

编辑和排版文档只是存储在计算机的随机存储器里，关机或突然断电都会造成信息的丢失。所以用户要随时保存文档，以避免突然断电或误操作造成的数据丢失。

1）保存文档常用的方法

（1）利用"文件"菜单中的"保存"或"另存为"命令保存文档，如图3-12所示。

（2）单击工具栏中的"保存"按钮保存文档。

（3）按【Ctrl】+【S】组合键保存文档。

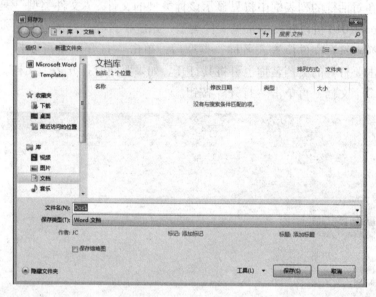

图3-12 "另存为"对话框

2）保存所有打开的文档

先按住【Shift】键，然后单击"文件"菜单，选择"同时保存"命令，可以同时保存所有打开的文档和模板，若在打开的文档中含有未命名的文档，则系统会自动弹出"另存为"对话框，提示用户为文档命名。

3）自动保存文档

选择"文件"菜单中的"选项"命令，如图3-13所示，在打开的"选项"对话框中选择"保存"选项卡。选中"保存自动恢复信息时间间隔"的复选框，能够启用该功能并设置间隔时间。当"自动保存"功能启用后，可以根据保存时间间隔的设置，自动将文档的修改进行保存，以便在系统停止响应或断电后能够恢复文档。如果 Word 2010 在文档打开时中止，并且不得不重新启动，则 Word 2010 将在重新启动时自动打开并恢复文件（恢复的文件内容为最后一次自动保存的文档内容）。这样可以避免因程序中止、停止响应或断电造成数据丢失。

图 3-13　"保存"选项卡

4. 关闭文档

关闭文档的方法有两种：

（1）利用"文件"菜单中的"关闭"或"退出"命令关闭文档。

（2）单击菜单栏右侧的"关闭窗口"按钮关闭文档。

若当前文档在编辑后没有保存，则关闭前将会弹出一对话框，询问用户是否对文档所做的修改进行保存。单击"是"按钮保存此修改的文档；单击"否"按钮放弃保存此文档；单击"取消"按钮取消关闭当前文档，可以继续对文档进行编辑。若要关闭当前打开的全部文档，则可先按住【Shift】键，然后打开"文件"菜单，可看到"关闭"菜单项变成"同时关闭"后，选择"同时关闭"命令，Word 2010 将关闭所有文件。

3.2.2　文档的浏览

在 Word 2010 中，系统提供了多种显示文档的方法。对于同一个文档，我们可以从不同的角度去浏览，这样可以满足不同状态下的编辑需要，对于每一种显示方式都可以称为一种视图。一般性的文档浏览只需通过调整显示比例和使用滚动条就能够完成，而如果对窗口进行"拆分"，还能同时浏览或操作同一文档的不同部分，对多窗口进行"重排"，可同时浏览多个文档。

1. Word 2010 视图

Word 2010 提供的几种视图分别为页面视图、阅读版式视图、Web 版式视图、大纲视图和草稿。视图之间的切换方法如下：

方法一：单击文档窗口右下方视图切换按钮组中的相应按钮可以切换视图。

方法二：打开"视图"功能区即可看到五种视图模式，单击相应按钮即可切换。

1）页面视图

页面视图是 Word 2010 默认的视图方式，如图 3-14 所示，这种视图能够使用户看到图、文的排列格式，其显示的效果与最终打印出来的效果完全相同。

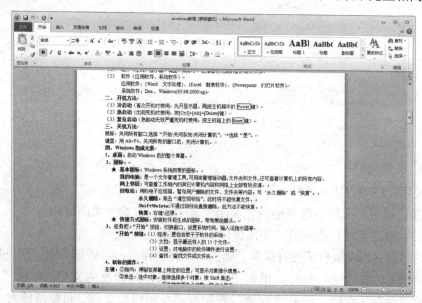

图 3-14　页面视图

2）阅读版式视图

阅读版式视图如图 3-15 所示，其最大的特点是便于用户阅读操作，它能同时将相连的两页显示在一个版面上，使得阅读文档十分方便；利用其中的文档结构图还能够同时将文档的大纲结构显示在左侧窗格中，对于阅读和编辑文档十分方便。

图 3-15　阅读版式视图

3）Web 版式视图

Web 版式视图的显示与浏览器中的显示完全一致。采用这种视图方式，能够编辑用于向网站发布的文档，即能将 Word 2010 中编辑的文档直接用于网站，而且能够通过浏览器直接浏览。Web 版式视图中不显示标尺，也不分页，所以没有分页线，该视图可用于制作 Web 页，并且在浏览器中显示时可以自动分页。

4）大纲视图

一篇文章的结构总是以大纲来组织的，比如其包括文章名（一级标题）、节名（二级标题）等，使用大纲视图能够很方便地查看文章的层次，并且能够通过拖动标题来移动、复制、删除和重新组织段落，使得文档的编辑非常方便。

在大纲视图中，能够折叠文档，只查看主标题或者扩展文档，以便于查看整个文档；每种大纲级别的段落左侧都有一定的符号表示，在"大纲"工具栏中能够看到当前显示的是"显示所有级别"，在该下拉列表框中则能选择"显示级别"选项，确定想要显示到的级别。所以大纲视图适合对长文档进行编辑操作。

2. 导航窗格

导航窗格是一个独立的窗格，能够显示文档的标题列表。导航窗格能够对整个文档进行浏览，而且还能跟踪其在文档中的位置。选择"视图"菜单中的"导航窗格"命令，可打开导航窗格，如图 3-16 所示。单击导航窗格中的标题后，Word 就会跳到文档中对应的标题，并将其显示在文本区域的顶部，同时该标题在文档结构图中被突出显示。需要注意的是，如果想要识别出其层次结构，必须正确应用标题样式的文档才可以，否则文档结构图中没有任何内容。

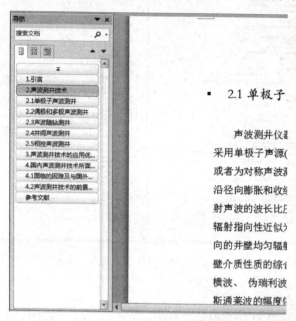

图 3-16　导航窗格

3. 打印和打印预览

打印预览可以模拟显示文档的打印效果，模拟效果十分相似。选择"文件"菜单中的"打印"命令，就可以打开打印窗口，如图 3-17 所示。在打印窗口的右侧则为当前文档的打印预览。

4. 调整文档的显示比例

选择"视图"功能区的"显示比例"命令，能够在编辑文档时使文档有合适的显示比例。"显示比例"对话框如图 3-18 所示，在其中能够选择多种不同的比例显示文档。打开"文字宽度"选项卡，Word 2010 能够自动根据文字的宽度调整显示比例，以达到最大的显示效果。

在 Word 2010 中也可以通过拖动窗口右下角的滑动块或是单击滑动条两侧的"-""+"来调整显示比例，如图 3-19 所示。

5. 浏览文档

使用文档编辑窗口中的滚动条、键盘上的上下翻页按钮以及滚动鼠标中的滚

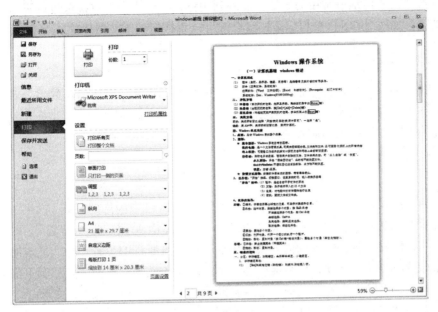

图 3-17　打印窗口

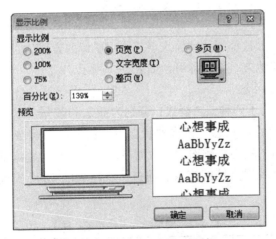

图 3-18　"显示比例"对话框

图 3-19　调整显示比例

动滑轮浏览文档是最常用的方法。此外利用键盘上的光标定位键也可以进行文档的浏览，如按【Ctrl】+【PgUp】组合键可以直接定位于文档之首。

3.2.3　文档的基本编辑

在 Word 2010 文档中能输入文本、各种符号、日期和时间以及数学公式。文本的输入主要是把汉字、符号等输入到当前文档的光标位置处，因此首先要确定光标的位置，然后选择输入法。

1. 输入文本

1）插入点

插入点就是在启动 Word 2010 之后，在文档窗口中闪烁的竖线"｜"光标，它表示可以在此位置向文档中输入文本。Word 2010 采用"即点即输"，即插入点在什么位置，将要输入的内容就会出现在插入点所在的位置。输入文本时，插入点自动由左向右移动，用户能够连续不断地输入文本。当插入点移到页面右边界时，如果再输入字符，则插入点会自动移到下一行的行首位置。如果输完一个段落，按【Enter】键将会插入一个段落标记，即将光标移到新一段的行首。另外删除错误或者是不想要的字符，可通过按【Backspace】键删除插入点之前的字符，或按【Delete】键删除插入点之后的字符。

2）移动插入点

使用鼠标或者键盘都能移动插入点。使用鼠标的方法就是将鼠标指针移动到需要设置插入点的地方，单击即可，如表 3-1 所示。

3）插入/改写状态

Word 2010 提供了两种编辑模式，分别为插入和改写。默认情况下，在文档中输入文本是处于插入状态，在这种状态下，输入的内容会出现在光标所在位置，而该位置原有的内容将顺次后移。而在改写状态时，输入的内容将替换光标后面的内容，来实现对文档的修改。通过按【Insert】键可实现两种输入方式的切换。

表 3-1　常用插入点移动键功能

按键	功能	按键	功能
【↑】	上移一行	【↓】	下移一行
【←】	左移一个字符	【→】	右移一个字符
【Ctrl】+【←】	左移一个单词	【Ctrl】+【→】	右移一个单词
【Ctrl】+【↑】	上移一段	【Ctrl】+【↓】	下移一段

续表

按键	功能	按键	功能
【Home】	移到插入点所在行的最前面	【End】	移到插入点所在行的最后面
【Tab】	右移一个单元格（在表格中）	【Shift】+【Tab】	左移一个单元格（在表格中）
【Ctrl】+【Home】	移动到文档的最前端	【Ctrl】+【End】	移动到文档的最末尾
【PgUp】	向上翻动一页	【PgDn】	向下翻动一页
【Ctrl】+【PgUp】	移至上页顶端	【Ctrl】+【PgDn】	移至下页顶端
【Ctrl】+【Alt】+【PgUp】	移至窗口顶端	【Ctrl】+【Alt】+【PgDn】	移至窗口结尾

2. 输入符号

当在录入文字要输入一些不能用键盘直接输入的特殊符号时，就要使用 Word 2010 所提供的插入符号功能。

1）"插入"菜单插入

操作步骤具体如下：

（1）切换到"插入"功能区；

（2）选择"插入"功能区的"符号"→"其他符号"命令，打开"符号"对话框，如图 3-20 所示，可从中选择"符号"或"特殊字符"选项卡；

（3）双击要插入的符号，即可将该符号插入到文档中。

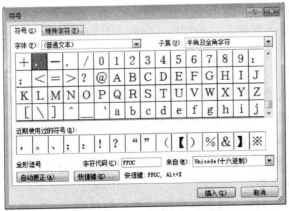

图 3-20　"符号"对话框

2）快捷键插入

在 Word 2010 中提供了快捷键插入方法。一般情况下，Word 2010 为常用的符号提供了快捷键，在"符号"对话框中可以看到它们的快捷键定义，如图 3-21 所示。

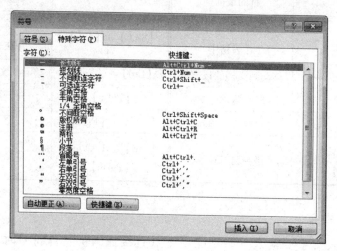

图 3-21　符号快捷键

若感觉 Word 2010 定义的快捷键使用起来不方便，用户也可以自己为该字符定义快捷键。

3. 输入日期、时间

日期和时间向文档中输入有两种方式：一为键盘直接输入方式，二为利用菜单插入方式。

1）键盘直接输入

用键盘直接输入时间、日期即可。时间和日期可以是任意的，不受系统时间的限制，不会自动更新。

2）菜单插入

利用菜单方式插入的是系统时间和日期，时间和日期一旦插入，可以选择是否自动更新，其操作步骤如下：

（1）将光标置于要插入时间或日期的位置。

（2）选择"插入"功能区的"日期和时间"命令，打开"日期和时间"对话框，如图 3-22 所示。

（3）在"可用格式"列表框中选择需要的日期和时间格式，单击"确定"按钮，日期或时间就会按选定的格式插入到文档中。

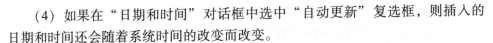

（4）如果在"日期和时间"对话框中选中"自动更新"复选框，则插入的日期和时间还会随着系统时间的改变而改变。

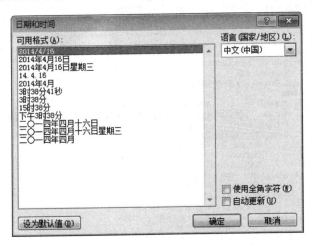

图3-22　"日期和时间"对话框

4. 输入数学公式

当需要在文档中建立数学公式时，由于编排数学公式比较复杂，故 Word 2010 提供了一个"公式编辑器"，为数学公式提供了若干套"样板"，包括特殊的符号和各种公式。

公式编辑器的两个主要功能为：

（1）插入公式；

（2）编辑公式。

3.2.4　文本的编辑

输完一篇文稿时，往往要对文档的某一部分进行编辑和修改，文本编辑包括插入、删除、移动、复制、重复、撤销、查找和替换等。

1. 文本选取

要进行文本编辑，首先应选取要进行操作的部分，被选取的文字以黑底白字的高亮形式显示在屏幕上。选取文本之后，用户所做的所有操作都只作用于选定的文本。在 Word 2010 中，选取文本的方法有多种，如利用鼠标、键盘，等等。下面介绍几种常用的选取方法。

1）鼠标选取

最常用的选取方式就是用鼠标选取，通过拖动鼠标，用户可以选取需要的文字。具体操作步骤如下：

（1）用鼠标在欲选文本的第 1 个字符前单击，使指针变为闪烁的"｜"形；

（2）按住左键向后拖动鼠标，如图 3-23 所示。

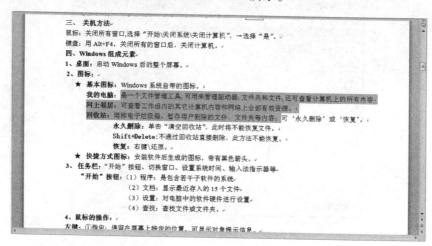

图 3-23 被选取的文字

鼠标快速选定文本的操作方式见表 3-2。

表 3-2 用鼠标选定文本的快速方法

选定文字	操作方法
一个单词	双击该单词
整行文本	鼠标移到开始行最左边空白区域内的"选定栏"，单击该文本行
多行文本	鼠标移到开始行最左边空白区域内的"选定栏"，按住鼠标左键并拖动至结束行
一个句子	按住【Ctrl】键，再单击该句子
一个段落	鼠标移到段落开始前最左边空白区域内的"选定栏"时，双击；或连续单击三次该段中的任意部分；从文本块的开始位置按住鼠标左键拖动至文本块末尾；或者单击文本块开始位置，按住【Shift】键，再单击文本块末尾；或按住【Ctrl】键，鼠标选定栏列块文本，按住【Alt】键，拖动鼠标

在选定文本后，如果发现选定的内容不合适，欲取消选择，只需单击选定区域以外的任意位置即可。

2）键盘选取

键盘快速选定文本的操作方法见表3-3。

表3-3　常用键盘选取

按键	功能	按键	功能
【Shift】+【↑】	选择光标所在行及上一行文本	【Shift】+【↓】	选择光标所在行及下一行文本
【Shift】+【←】	选定光标左边的一个字符	【Shift】+【→】	选择光标右边的一个字符
【Shift】+【Ctrl】+【←】	选择光标左边的一个单词	【Shift】+【Ctrl】+【→】	选择光标右边的一个单词
【Shift】+【Home】	选择光标到当前行首的文本	【Shift】+【End】	选择光标到当前行尾的文本
【Shift】+【Ctrl】+【Home】	选择光标到文档开始的文本	【Shift】+【Ctrl】+【End】	选择光标到文档结尾的文本
【Ctrl】+【A】	选择全部文本		

2. 移动文本

1）鼠标移动

选定要移动的文本，拖动选定文本到目标位置即可。这种方法适用于实现短距离移动文本。

2）剪贴板移动

剪贴板是操作系统在内存中开辟的一块可共享的公共信息区域，它不但能够保存文本信息，还能保存图形、图像和表格等各种信息。因此可将其作为一个信息交换的桥梁。用户在使用"复制""剪切""粘贴"等命令时，这些命令都由操作系统自动完成了。如果要移动一段选定的文本，需分解成两个步骤，即先剪切目标文本，然后复制到剪贴板，最后再从剪贴板粘贴到目标处。

3. 复制文本

1）鼠标复制

选定要复制的文本，在按住【Shift】键的同时拖动选定文本到目标位置即可。

2）剪贴板复制

剪贴板复制文本有以下几种方法：

方法一：先选中要复制的文本，在选中区域上单击右键，在出现的菜单中选择"复制"命令，然后在需要插入的地方单击右键，在出现的菜单中选择"粘贴"命令。

方法二：将要复制的文本选中，单击"开始"功能区的"复制"按钮，将选定文本复制到剪贴板中，然后将光标定位到要粘贴的位置，单击"开始"功能区的"粘贴"按钮，完成复制。

方法三：先选中要复制的文本，按【Ctrl】+【C】组合键，将选定文本复制到剪贴板中，然后把插入点移动到要粘贴的位置，按【Ctrl】+【V】组合键，完成复制。

3）选择性粘贴

在进行复制粘贴操作时，Word 2010 通常会将文本的格式一同复制过来，这时可以单击"粘贴选项"，此时会出现一个菜单，如图 3-24 所示。用户可根据自己的要求来选择。

图 3-24 "粘贴选项"

4. 删除文字

1）删除字符

如果要删除一个字符，应先将光标定位到要删除字符的前面，若按【Delete】键，则该字符被删除；若按【Backspace】键，则会删除插入点之前的字符，同时被删除字符后面的文字依次前移。

2）删除多个字符或段落

若要删除多个字符、一整段或多段文字内容，可以先选中想要删除部分的文字，然后按【Delete】键，或者用"编辑"菜单"清除"命令中的"内容"选项，进行删除。

5. 查找与替换

对较长文档进行编辑时，通过查找功能可以快速定位所要查找字符的位置；利用替换功能，能够快速完成文字内容的替换。

1）查找文本

查找文本的具体操作步骤有以下几步：

（1）要查找某一特定范围内的文档，则在查找之前应先选取该区域的文档。

（2）单击"开始"功能区的"查找"命令或者按【Ctrl】+【F】组合键，打开"查找和替换"对话框，如图 3-25 所示。

（3）在"查找内容"的下拉列表框中输入要查找的内容。

（4）单击"查找下一处"按钮，能够找到指定的文本，找到文本后，

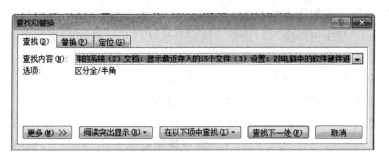

图3-25　"查找和替换"对话框

Word 2010 会将其所在页移到屏幕中央，并选中文本。若文档中还有相同的内容，则可以通过再次单击"查找下一处"按钮，继续查找指定的文本。单击"取消"按钮可以返回到文档中。用户可以对查找进行高级选项的设置，来限定查找范围或者查找带格式的文本。具体方法是单击"查找和替换"对话框中的"更多"按钮，打开其高级选项，如图3-26所示。

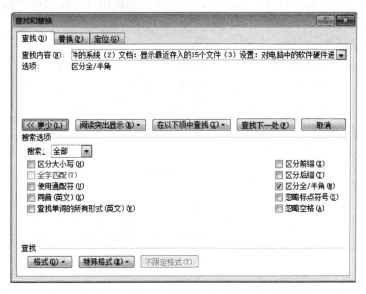

图3-26　"查找和替换"的"更多"选项

（5）当查找结束后，将会弹出一个提示框，能够显示查找结果。单击"确定"按钮返回文档。

2）替换文本

执行替换功能的操作步骤如下：

（1）使用"编辑"菜单中的"替换"选项或者直接应用【Ctrl】+【H】组合键，打开"查找和替换"对话框，这时会默认打开"替换"选项卡。

（2）在"查找内容"的下拉列表框中输入将要替换的文本。

（3）在"替换为"下拉列表框中输入替换文本。

（4）单击"查找下一处"按钮，Word 2010能自动找到要替换的文本，并且能够显示在屏幕上，倘若用户决定替换，则可以单击"替换"按钮；单击"查找下一处"按钮继续查找或单击"取消"按钮取消替换操作。如果单击"全部替换"按钮，则Word 2010能自动替换所有指定的文本。与查找类似，用户也能够设定替换的范围等选项。如果在"替换为"文本框中不输入内容，则会删除文档中要替换的文本。

6. 撤销与恢复

编辑文档时，经常会发生一些错误操作，这时我们可以利用Word 2010提供的撤销与恢复功能。撤销是为了能纠正错误，即取消上一步的操作结果，能将编辑状态恢复到所做错误操作前的状态；恢复操作则是相对于撤销操作而言的，是撤销的逆操作。

1）撤销操作

撤销操作的方法如下：

（1）单击"常用"工具栏中的"撤销"按钮；

（2）按【Ctrl】+【Z】组合键。

2）恢复操作

恢复操作的方法如下：

（1）单击"常用"工具栏的"恢复"按钮；

（2）按【Ctrl】+【Y】组合键。

3.3 文档格式设置

3.3.1 文本的格式设置

对文档中的字符、段落、图片等内容在显示方式上的设置称为文档格式的设置，文档格式的设置决定文字在屏幕上和打印时的显示形式。

1. 字符格式

字符格式化就是对字符的各种外观进行设置，能够实现用户所要求的屏幕显示和打印效果。常见的字符格式化包括：字体、字号、字形、文字的修饰、字间距和字符宽度以及中文版式等，如图3-27所示。

1）字体

文字在屏幕或打印稿上呈现的书写形式称为字体。中文操作系统提供的常用字体有宋体、仿宋体、楷体、黑体等中文字体，还提供了 Arial 、Times New Roman 等英文字体。

图3-27 "字符格式"工具栏

2）字号

文字的大小称为字号，可以用"磅"来表示，1磅约为0.352 7 mm。中文习惯上以字号来表示，Word 2010中字体磅值从最大的72磅到最小的5磅，字号从最大的初号到最小的八号字。

3）字符间距

两个字符之间的间隔距离称为字符间距，文档中默认的字符间距为0磅。当一行的字符数有规定时，可通过加宽或紧缩字符间距来调整。

4）上、下标

输入数学或化学公式时，很多时候需要设置字符的下标或上标，如 CO_2、m^2等。

2. 设置字体颜色

为了增加文档的可读性，有时需要通过改变字体的颜色来加以区分。改变字体颜色的方法为选中需要改变的文本，单击字体颜色按钮，选择相应的颜色即可。

3. 设置间距和缩放

Word 2010为用户提供了间距缩放功能，用户能够通过此项功能调整文档的外观，提高其可读性，操作步骤如下：

（1）选中需要编辑的文本。

（2）单击"开始"功能区"字体"栏的 符号打开"字体"对话框，在打开的"字体"对话框中选择"高级"选项卡，如图3-28所示。

（3）在"间距"的下拉列表框中选择"加宽"或"紧缩"功能，单击"磅值"数值框右侧的微调按钮，设置需要把字符移动的磅数。在"预览"框中能够随时查看字符紧缩或加宽的程度。

（4）单击"确定"按钮，完成设置。

3.3.2 段落的格式设置

段落是文档格式化的单位，它介于字符与节之间。在 Word 2010 中，段落也

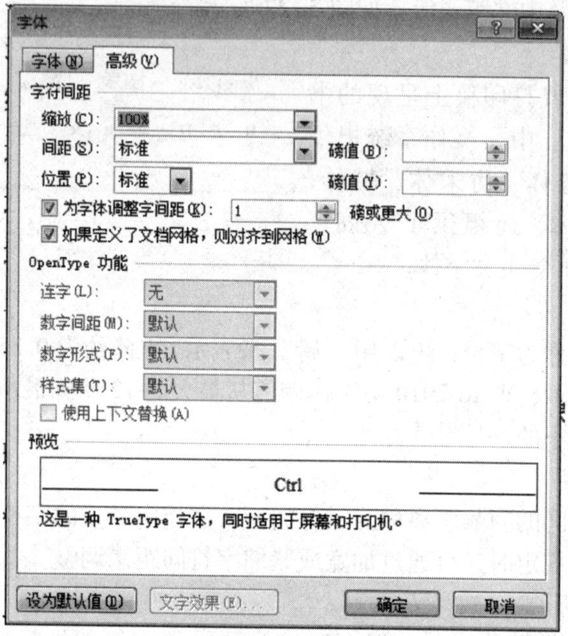

图3-28 "字体"对话框

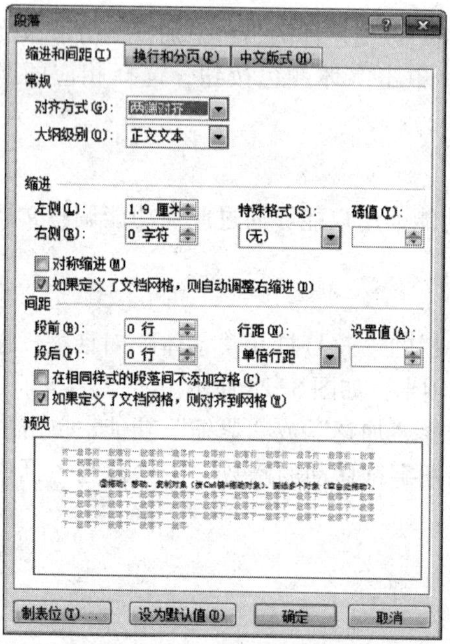

图3-29 段落设置示例

可能由任何数量的文本、图形、图像、标题甚至是空行构成，每按一次【Enter】键就会生成一个段落。段落的格式设置包含段落标记在内的一段文字，主要设置有段落缩进和对齐方式、行间距和段落间距、自动编号、制表位、边框和底纹、分栏、首字下沉等方面，如图3-29所示。

1. 水平对齐方式

段落的水平对齐方式分别有：两端对齐、居中、左对齐、右对齐和分散对齐，系统的默认对齐方式为两端对齐。设置段落对齐的方法为选定改变对齐方式的段落后单击相应的工具按钮 ▤ ▤ ▤ ▤ ▤。其中，由左向右依次为左对齐、居中、右对齐、两端对齐和分散对齐。

2. 段落缩进

第一个字符距正文边沿之间的距离称为段落缩进，利用段落缩进能够使文档中的某一段落相对于其他段落偏移一定的距离。缩进方式有左缩进、右缩进、首行缩进和悬挂缩进四种。设置段落缩进的方法有以下三种：

1）"段落"对话框中设置

打开"段落"对话框，在"缩进和间距"选项卡的"缩进"选项组中，向"左""右"微调框中直接输入数值，就能够调整段落相对左、右页边距的缩进值。"特殊格式"的下拉列表框中能够进行"首行缩进"和"悬挂缩进"设置，并在右面的"度量值"微调框显示缩进量值。

2）标尺调整缩进

使用标尺设置缩进是最快速的设置方法，标尺如图 3-30 所示。

图 3-30　标尺

3）使用功能区的按钮

首先，将光标定位到要调整缩进的段落内，然后单击"减少缩进量"按钮或"增加缩进量"按钮进行设置。

3. 行距和段落间距

行距是文本中相邻行之间的距离，默认为单倍行距；间距则是指段落前后的间距量。"段落"对话框中的"缩进和间距"选项卡能够设置段落的行距和间距。

4. 段落的换行和分页

Word 2010 能够按照预先设值的页边距和纸张大小等相关信息进行文档的自动换行和分页。若要设置段落换行或分页的形式，则可以采用下列方法。

1）手动换行或分页

用户将插入点移动到段落中需要换行的位置，按回车键就可以实现手动换行；如果将插入点移动到需要分页的位置，则可以通过多次按回车键（直到插入点进入下一页）来完成手动分页。

2）选择"格式"菜单中的"段落"命令

打开"段落"对话框，然后单击"换行和分页"标签，就会显示选项卡。用户可以根据实际需要，选中相应的复选框后单击"确定"按钮。

5. 段落的其他格式设置

（1）"孤行控制"：可使文档中不出现孤行。段落的第一行单独出现在页面的最后，或段落的最后一行出现页面的起始，称为孤行。

（2）"段中不分页"：可使同一段落总处于同一页面中。

（3）"与下段同页"：可使 Word 不在该段与下一段落之间添加分页符。

（4）"段前分页"：可使 Word 在该段落前添加分项符号。

（5）"取消行号"：防止所选段落旁出现行号，但对未设置行号的文档或节无效。

（6）"取消断字"：取消段落和自动断字功能。

3.3.3 边框与底纹

1. 边框设置

边框设置的操作步骤：

（1）选定要添加边框的文本；

（2）单击"页面布局"功能区的"页面边框"命令，打开"边框和底纹"对话框，再打开"边框"选项卡，如图 3-31 所示；

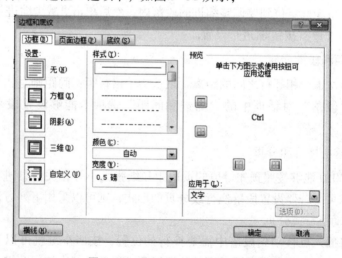

图 3-31　"边框和底纹"对话框

（3）在"设置"选项区中可以对边框的外观进行相关设置，而"线型"列表框中可以对边框的线型进行设置，在"颜色"下拉列表框中能够选择边框的颜色，"宽度"下拉列表框中能够设置边框的粗细，"应用于"下拉列表框中可以选择"文字"或"段落"选项；

（4）单击"确定"按钮，就能够完成对边框的设置。

2. 底纹设置

底纹设置的操作步骤：

（1）选中要添加底纹的文本；

（2）在"边框和底纹"对话框中打开"底纹"选项卡；

（3）在"填充"选项区的调色板中选择一种填充颜色，若没有合适的颜色，则可以单击"其他颜色"按钮，在弹出的"颜色"对话框中用户可以自定义颜色。

（4）在"图案"选项区的"样式"下拉列表框中选择一种应用于填充颜色上层的底纹样式，在"颜色"的下拉列表框中可以设置图案的颜色。

（5）在"应用于"下拉列表框中选择"文字"或"段落"选项，单击"确定"按钮，就完成了这一操作。

3.3.4　项目符号与编号

添加项目符号和编号可以通过 Word 2010 提供的自动编号功能来实现。

1. 自动数字编号

如果用户单击"开始"功能区的"编号"按钮 ≣▾，光标所在行的最左端就会出现"1."数字编号。用户输完一段文字，按【Enter】键进行换行时，下行就会自动出现"2."数字编号。若删除某一条的数字编号，则用户在做过删除操作后，编号能自动重新排列。

2. 改变数字编号顺序

用户首先要选择需要编辑的文本内容，单击"编号"按钮旁的下三角形符号，选择"设置编号值"，打开"起始编号"对话框，对话框中包含"开始新列表"单选按钮与"继续上一列表"单选按钮。

3. 自动添加项目符号

首先还是要选择需要改变编号的文本内容。单击"开始"功能区的"项目符号"按钮，这时光标所在行的最左边会出现"·"符号。若输完本段文字后按回车键换行，则下行会自动出现"·"符号。

4. 改变项目符号

单击"项目符号"旁的下三角形符号可以打开"定义新项目符号"对话框，如图 3-32 所示。用户可根据实际情况选择所需要的项目符号。

图 3-32 "定义新项目符号"对话框

3.4　表格制作

表格为集合、组织及格式相似的数据提供了简单的方式，在 Word 2010 中，一个表格由一组矩形块（单元格）构成，由行和列组成。单元格就是行和列的交叉点，用来存放数据。行是表格中平行排列的文本或数字，列就是表格中垂直排列的文本或数字。表格有三种类型：规则表格、不规则表格、文字转换的表格。

3.4.1　创建表格

1. 插入表格

1）在"插入"功能区插入

切换到"插入"功能区，将光标定位于要插入表格的位置，单击"表格"→"插入表格"菜单项，随即打开"插入表格"对话框，如图 3-33 所示。用户可根据自己的需要，在该对话框中设定插入格的行数和列数。在"'自动调整'操作"组合框中选择合适的选项。最后单击"确定"按钮，就插入了一个表格。

2）利用下拉菜单快捷插入表格

将光标定位于要插入表格的位置，然后单击"插入"功能区的"表格"按钮，将弹出一个如图 3-34 所示的下拉菜单，按住鼠标左键，向右下方拖动鼠标，系统示意性地显示所生成表格的行数和列数，达到所需要的行数、列数后释放鼠标，这样就在光标位置插入了一个表格。

图 3-33　"插入表格"对话框

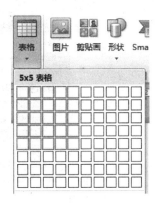

图 3-34　插入表格

3）插入 Excel 表格

将光标定位于要插入表格的位置，然后选择"表格"→"Excel 电子表格"，这样就在光标位置插入了一个 Excel 表格。

2. 鼠标绘制表格

单击"插入"功能区的"表格"→"绘制表格"，按住鼠标左键并拖动鼠标就可以画出矩形框，并在表格内部画出直线和斜线。还可以设置表格的线型、粗细、颜色、边框有无及底纹，等等。

3. 文本与表格间转换

1）文本转换为表格

有些文本具有明显的行列特征，例如使用制表符、逗号、空格等分隔的文本，可以把这类文本自动转换为表格中的内容。例如我们想把下列人名分为 1×4 的表格

张三，李四，王朝，马汉

操作步骤如下：

（1）在需要转换为表格的文本中插入分隔符，来指明在何处将文本分成行、列。注：逗号分隔符要在英文输入法的状态下才能有效。

张三，李四，王朝，马汉

（2）选定要转换的文本。

张三,李四,王朝,马汉

（3）选择"表格"→"文字转换成表格"命令，打开"将文字转换为表格"对话框，如图 3-35 所示。对话框中的"列数""行数"会根据选择的文本自动给出。

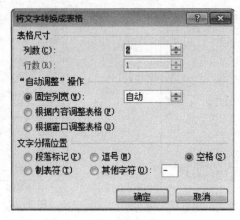

图3-35 "将文字转换成表格"对话框

（4）单击"确定"按钮，即可生成相应表格。

张三	李四	王朝	马汉

2）表格转换为文本

把上个例子中的表格变回文本的具体操作步骤如下：

（1）选定要转换成段落的行或表格。

张三↵	李四	王朝↵	马汉↵

（2）单击"布局选项卡"。

（3）在"数据"中单击"转换为文本"按钮。

（4）在"表格转换成文本"对话框中选中所需文字分隔符，选中"转换嵌套表格"可以将嵌套表格转换为文本，如图3-36所示。

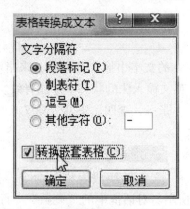

图3-36 "表格转换成文字"对话框

（4）单击"确定"按钮，即可转换为文本。

张三　　　　　　　李四　　　　　　　王朝　　　　　　　马汉

4. 输入表格内容

在表格中移动插入点，就能够确定内容输入位置，相同内容可使用复制、粘贴等方式来输入。

1）在表格中移动插入点

要将插入点移动到其他单元格，可以用键盘上的方向键、鼠标或按【Tab】键来完成。而若要将光标移动到需要的单元格，则左键单击该单元格即可。假如表格比较大，而在当前的屏幕上不能完全显示时，用键盘移动插入点会更方便一些。表3-4列出了可以用来移动插入点的快捷键的名称及其功能。

表3-4　用键盘在表格中移动插入点快捷键名称及其功能

快捷键	功　　能
【Tab】	选定下一个单元格
【Shift】+【Tab】	选定上一个单元格
【←】【→】【↑】【↓】	将插入点移到与箭头方向相邻的单元格
【Alt】+【Home】	将插入点移到当前行的第一个单元格
【Alt】+【Home】	将插入点移到当前列的最后一个单元格
【Alt】+【PgUp】	将插入点移到当前列的第一个单元格
【Alt】+【PgDn】	将插入点移到当前列的最后一个单元格

2）在表格中输入文本

与一般文本输入方法一样，在表格中输入文本只要把光标定位在一个单元格中，即能够进行文本的输入。若所输入的文本超过一列的宽度，则当输入到单元格的右边界时，Word 2010会将文本自动折到下一行而不会越过单元格的边界覆盖下一个单元格。与此同时，单元格的高度也会自动加高，以容纳这一新行，表格的高度会自动地随着输入文本而进行调节。由于表格内同一行中的各列高度是一致的，所以如果某一单元格的高度因输入文本而增加，即使其他各列单元格中的文本并没有变化或没有文本，该行上其他各单元格的高度也会同步增加。

3）移动或复制单元格、行或列中的内容

在单元格中移动或复制文本与在文档中的操作基本是一致的，而有所不同的是在选中要移动或复制的单元格、行或列，并执行"剪切"或"复制"的操作后，"编辑"菜单中的"粘贴"命令会相应地变为"粘贴单元格""粘贴行"或"粘贴列"。

3.4.2　表格的编辑

表格的编辑可在表格工具的"设计"和"布局"功能区实现，如图 3-37 所示。

图 3-37　表格工具

1. 单元格的合并与拆分

1）合并单元格

（1）选中要合并的单元格。

（2）单击右键，选择"合并单元格"命令，或单击表格工具中的"合并单元格"按钮。

（3）选定的单元格就合并成一个单元格了。

2）拆分单元格

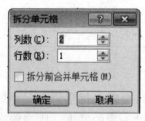

图 3-38　"拆分单元格"
对话框

（1）单击选中要拆分的单元格。

（2）单击右键，选择"拆分单元格"命令，或者单击表格工具中的"拆分单元格"按钮，就会弹出"拆分单元格"对话框，如图 3-38 所示。

（3）在"列数"和"行数"微调框中分别输入需要将该单元格拆分为的列数和行数。

（4）单击"确定"按钮，就完成了对单元格的拆分。

2. 拆分合并表格

将一个表格分为两个表格的情况叫作拆分表格。将插入点移动到想要作为新表格的第 1 行中，选择表格工具中的"拆分表格"命令，能将表格在插入点处拆为上下两个表格，两个表格之间会产生一个空行。若删除两个表格之间的空行，则两个表格就会合并为一个表格。

3.5　对象的插入

3.5.1　插入图片

在 Word 2010 文档中，图形的插入一般有两种方法：一是插入来自文件的图片的方法，即插入来自其他文件的图片；另外一种是利用 Word 自带的剪辑库插入剪贴画、插入图示和插入自选图形。

1）插入来自文件的图片

（1）单击文档中将要插入图片的位置。

（2）单击"插入"功能区的"图片"图标，这时屏幕上会弹出插入图片对话框，如图 3-39 所示。

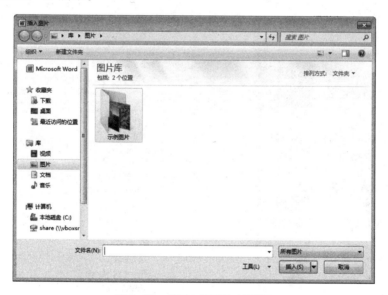

图 3-39　"插入图片"对话框

（3）在插入图片对话框中的"文件名"中输入将要插入的文件名，找到文件后，双击文件，则图片插入完成。

2）从剪辑库中插入图片

从"剪辑管理器"中可以获得大量已经制作好的图片，这些图片被称为剪切画。插入剪切画的具体操作为：

（1）单击文档中要插入剪贴画的位置。

（2）单击"插入"功能区的"剪贴画"按钮，文档窗口右侧将打开"剪贴画"任务窗格，在搜索文字中输入名称，例如：白，如图3-40所示。

（3）单击所要选择的剪切画即可将该剪贴画插入到文档中。

3）插入自选图形

自选图形包括可以在文档中插入的许多文档，如基本形状、箭头总汇、流程图符合、星与旗帜以及标注。在选择了其中一个自选图形后，Word 2010将该图形插入到文档中。

创建了一个自选图形对象后，可以用尺寸控制点去缩放该对象。用户可通过图形对象的黄色菱形控制点来改变对象的内部形状。

插入自选图形的具体操作步骤为：首先单击需要插入图形的位置，单击"插入"功能区的"形状"按钮即可选择需要的形状，如图3-41所示。

图3-40 "剪贴画"任务窗格

图3-41 "形状"菜单

3.5.2　插入文本框

Word 2010中为了实现在文档中独立地进行文字输入和编辑而插入的图形框称为文本框，它能够帮助文字或图形、图片等对象在文档中定位。为了实现一些特殊的编辑功能，需要在文档中适当地插入文本框。

1. 文本框的插入

（1）单击需要插入文本框的位置。

（2）单击"插入"功能区的"文本框"按钮，选择"绘制文本框"或"绘制竖排文本框"命令，在文档中拖动十字光标即可绘制一个文本框。

（3）拖动文本框四周的控制点，适当放大所创建的"文本框"即可在其中输入文字。

2. 文本框格式设置

插入文本框后，即可向文本框中插入文本和图形。在插入文本或图形时，文本框不会自动调整大小，而插入的图形将自动调整大小，以便与文本框保持一致。下面介绍设置文本框格式的方法。

在文档中选定文本框后会弹出"绘图工具"的"格式"功能区，在该功能区中可以对文本框的格式进行设置，如图 3-42 所示。

图 3-42　文本框格式设置

在"颜色填充"下拉菜单中可以选择文本框内的填充颜色或是无填充，同时可以定义填充色的渐变、纹理选项。

在"形状轮廓"下拉菜单中可以选择文本框轮廓的颜色、线条粗细、线条形状，也可以选择无轮廓。

在"形状效果"下拉菜单中可以定义文本框的形状，如阴影、棱台、三维旋转等。

3.5.3　插入艺术字

在 Word 2010 的文档中能够插入一些具有艺术效果的文字，比如带阴影的、旋转的和拉伸的文字，可以丰富文档内容，使其更具有可读性。

1. 插入艺术字

艺术字的插入步骤：

（1）用鼠标单击想要插入艺术字的位置。

（2）单击"插入"功能区的"艺术字"按钮，将会弹出艺术字库，如图3-43所示。

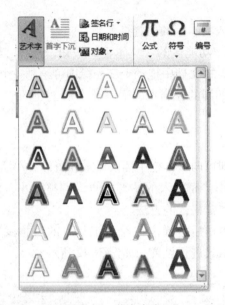

图3-43　艺术字库

（3）单击想要应用的艺术字样式，文档中将会弹出艺术字的编辑框，如图3-44所示，在编辑框中输入相应内容即可插入相应的艺术字。

图3-44　艺术字编辑框

2. 艺术字的编辑

单击插入的艺术字，将会在功能区新增一个艺术字格式设置的功能区，如图3-45所示。在该功能区中可以对艺术字进行各种编辑，形状填充、形状轮廓、形状效果编辑与文本框类似，此外，还可以对艺术字的文本进行填充、轮廓、效果的设置。

图 3-45 艺术字格式设置

3.6 文档的页面设置

3.6.1 页面设置

页面设置主要包括对页边距、纸张、版式等的设置，合理的页面设置能够使文档显得更加美观。

页面设置包括文档页边距、纸张大小、版式和文档网络。Word 2010 的页面设置功能主要由"页面布局"功能区实现。单击"页面布局"功能区的"页边距"，选择"自定义页边距"即可打开"页面设置"对话框，如图 3-46 所示。

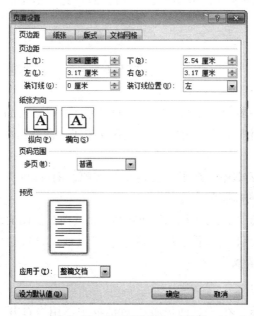

图 3-46 "页面设置"对话框

1. 页边距

页边距是指文本区域到页边界的距离，一般情况下也称为页边空白。页边距（空白）并非都是完全空白的，其能够包含页眉和页脚，页眉和页脚中能够放入页码和章节标题等内容。

（1）在"页面设置"对话框中，具体选项的功能如下：

① 在"页边距"选项下，用户能够设置上、下、左、右页边距，即页眉和页脚距页边界的距离。

② 在"页边距"选项组的微调框中输入新的数字，可以确定页面内容距页面边缘的距离及其距装订线的距离。

③ 在"方向"选项中，用户能够选择页面的方向。

④ 在"页码范围"选项中，用户能够进行多页文档的页面范围设置。

⑤ 单击"默认"按钮，可以将以上参数设置为默认值。

⑥ 单击"确定"按钮，用户就完成了此项设置。

（2）调整页边距还可在页面视图下通过移动标尺指针完成，这种调整方法比较快，但是调整的精确度较低。用标尺调整页边距的操作步骤如下：

① 单击屏幕左下角的"页面视图"按钮，进入页面视图；

② 将鼠标移到标尺上的灰白交界处，当指针变成双箭头时，按住左键，将显示一条从上到下的虚线，拖动鼠标直到所需页边距数值处，松开左键，完成操作。

2. 纸型

在"页面设置"对话框中，打开"纸张"选项卡，如图 3-47 所示，可以设置纸张大小及方向等。

Word 2010 支持多种纸张格式，默认的纸张为 A4、页面方向为纵向。单击"纸张大小"选项组中下拉列表框右侧的下拉按钮，在弹出的下拉列表中选择需要的纸张类型。

如果在下拉列表框中选择了"自定义"选项，则可以在"宽度"和"高度"微调框中输入纸张的高度和宽度值。

"纸张来源"选项组：用于指定每节首页和其他页使用的纸张。

"打印选项"按钮：用于打开"打印"对话框，设置打印选项。单击"确定"按钮，即可完成操作。

3. 版式

如图 3-48 所示，在"页面设置"对话框中，用户打开"版式"选项卡之后，能够进行一些页面的高级选项设置，其中包括对节的起始位置、页眉和页脚、垂直对齐方式、行号及边框等的设置。在"页面设置"对话框中的"版式"选项卡中能够进行文档的版式设置。

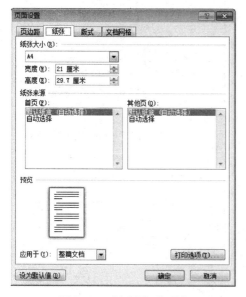

图3-47　"纸张"选项卡

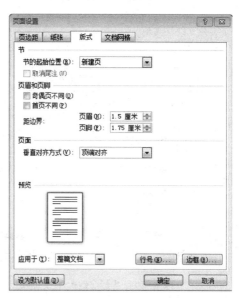

图3-48　"版式"选项卡

4. 文档网络

在"页面设置"对话框中，用户可以通过打开的"文档网格"选项卡（见图3-49）定义每页的行数和每行的字符数、正文的分栏数与正文的排列方式（横排还是竖排），而且"页面设置"对话框中的"文档网格"选项卡还能进行文档的网格及文字排列方向、行数、字符数等方面的设置。

5. 分页与分节

1）分页

对文档进行编辑时，用户也能够根据需要进行强制分页，比如书中的前言都要求另起一页。常用的强制分页方法有两种：

（1）键盘操作：将插入点移动至需要分页的位置，然后按【Ctrl】+【Enter】组合键进行分页。

（2）鼠标操作：单击"页面布局"功能区的"分隔符"命令，将会弹出"分隔符"菜单，如图3-50所示，在"分隔符"菜单中选择分页符即可进行分页。

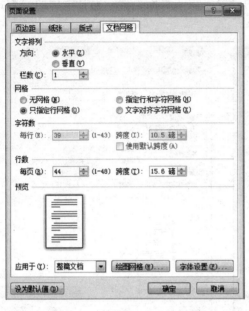

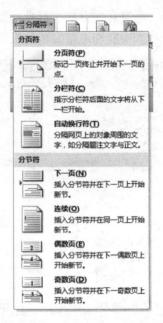

图 3-49　"文档网络"选项卡　　　图 3-50　"分隔符"下拉菜单

2）分节

想要对文档不同的部分进行不同的格式化，用户可以将文档分为多个节。

（1）分节操作。

单击"页面布局"功能区的"分隔符"命令，在弹出的"分隔符"菜单中选择"分节符类型"中的某一个按钮即可。

（2）可插入的分节符类型有四种，见表3-5。

表 3-5　可插入的分节符类型

分节符类型	功　　能
下一页	插入一个分节符，新节从下一页开始
连续	插入一个分节符，新节从同一页开始
奇数页	插入一个分节符，新节从下一个奇数页开始
偶数页	插入一个分节符，新节从下一个偶数页开始

（3）可为节设置的格式类型。

用户能更改的节格式包括：页边距、纸型或方向、打印机纸张来源、页面边框、垂直对齐方式、页眉和页脚、分栏、页码编排、行号、脚注和尾注。需要特别注意的是，分节符控制其前面文字的节格式。比如，若删除某个分节符，其前面的文字将合并到后面的节中，并且采用后者的格式设置。另外，文档的最后一个段落标记控制文档最后一节的节格式（如果文档没有分节，则控制整个文档的格式）。

3.6.2　特殊排版

Word 2010 提供了许多特殊排版方式，其中包括段落分栏、段落首字下沉、文档竖排、文档加背景与水印等。

1. 段落分栏

排版方法中常用多栏排版，因为短行更容易阅读，Word 2010 提供的分栏工具能够帮助实现这种排版方式。利用"页面布局"功能区的"分栏"命令对文档进行分栏，步骤如下：

（1）单击"页面布局"功能区的"分栏"命令，选择"更多分栏"，打开"分栏"对话框，如图 3-51 所示。

（2）在"预设"选项区域中选取分栏方式。

（3）利用自定义设置"栏数"和"宽度和间距"来确定分栏形式。

（4）如果想在各栏间设置"分隔线"，应选中"分隔线"复选框。

（5）在"应用于"下拉列表框中指定分栏格式应用的范围。

（6）单击"确定"按钮。

一个版面上可以把单栏和多栏结合起来进行排版，这时只需选择需要分栏的文本，分别设置"栏数"及"栏宽"即可。

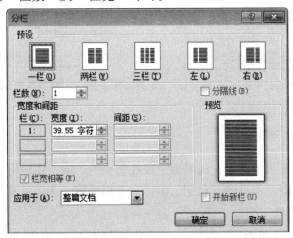

图 3-51　"分栏"对话框

2. 首字下沉

在刊物和小说中经常用到首字下沉的排版方式，它是将选定段落的第一个字放大，以达到一个醒目的效果。

首字下沉的具体方法为：把光标定位到想要首字下沉的段落中，单击"插入"功能区的"首字下沉"按钮，然后在菜单中选择"下沉"或"悬挂"命令即可实现相应的效果。单击"首字下沉选项"，打开"首字下沉"对话框，如图3-52所示，然后按照需要选择"下沉"或"悬挂"的位置，在"首字下沉"对话框中还可以设置字体、下沉行数及其与正文的距离。

3. 文档竖排

在一般情况下，文档大都是由左至右水平横排的，但是有时也需要对文档进行竖排。

（1）选中需要竖排的文字。

（2）单击"页面布局"功能区的"文字方向"按钮，在菜单中即可选择"水平""竖直"等命令，单击"文字方向选项"命令可以打开"文字方向-主文档"对话框，如图3-53所示。

（3）选择具体的竖排方式。

图3-52 "首字下沉"对话框

图3-53 "文字方向-主文档"对话框

3.6.3 页眉和页脚

页脚出现在每页的底端，而页眉出现在每页的顶端。用户可以在页眉和页脚中插入文本或图形，如页码、日期、徽标、文档标题、文件名或作者名等。

1. 插入与删除页眉和页脚

1）插入页眉和页脚

文档中插入页眉和页脚的操作步骤如下：

（1）单击"插入"功能区的"页眉"按钮，选择"编辑页眉"命令，窗口将自动切换到页眉页脚设计功能区，如图3-54所示。

图3-54　页眉和页脚设计

（2）用户可以在页眉区中输入需要的内容，比如文本、图片或图形等。

（3）若想要创建页脚，则单击"页眉和页脚工具"中的"转至页脚"按钮，切换到页脚区，之后同页眉一样输入所需内容。

2）删除页眉或页脚

用户要删除一个页眉或页脚时，Word 2010会自动删除整篇文档中的相同页眉或页脚。定位到要删除的页眉或页脚，在页眉或页脚区中按【Delete】键删除已经选定的文字或图形。

2. 使用不同的页眉和页脚

1）奇偶页不同

用户若想在奇数页与偶数页上使用不同的页眉和页脚，则可以在"页眉页脚设计工具"中选中"奇偶页不同"复选框，然后对奇数页和偶数页的页眉页脚进行切换并对其进行编辑。

2）各节不同

如果文档分节后，从第二节开始，页眉的右上角会显示"与上一节相同"。如果在页眉区域输入文字，则此文字将会出现在所有节的页眉中，各节的页眉页脚不变。

改变各节页眉页脚的具体方法是：单击"页眉和页脚工具"中的"链接到前一条页眉"按钮（默认情况下它处于按下状态），取消"链接到前一条页眉"设置，这时页眉右上角的"与上一节相同"提示就会消失。此时在页眉区域输入文字，只会出现在本节的页眉中，这样可对文档的不同节设置不同的页眉和页脚。

3. 插入页码

Word 2010中的绝大部分文档都需要按页进行编码，插入页码就是按页给文档进行自动编码。在Word 2010中插入页码有两种方法，而无论使用哪种方法，页码都将会放置在页眉或页脚中。其步骤为：

1）单击"插入"功能区的"页码"命令进行页码插入

用户单击"插入"功能区的"页码"按钮，在如图3-55所示的菜单中选择需要插入页码的位置，然后选择所需的页码形式即可插入页码。

2）单击"页眉和页脚工具"中的"页码"命令

比如，用户现在进行一篇论文的编辑，希望从目录之后的内容开始添加页码，并且页码要从1开始编号，具体步骤为：

（1）首先将文档分节，把目录分为单独一节。

（2）双击文档页眉位置，打开页面上的页眉和页脚区，并弹出"页眉和页脚工具"。

（3）单击"页眉和页脚工具"中的"页码"按钮，在弹出的菜单中选择页码插入的位置，然后选择相应的页码格式。如果要设置页码的格式，则可选择"设置页码格式"命令，在弹出的对话框中对页码进行设置，如图3-56所示。

图3-55 "页码"下拉菜单

图3-56 "页码格式"对话框

思考与练习

1. 填空题

（1）Word 2010 文件的扩展名是_____。

（2）在 Word 2010 中将某段文字设置为隶书、黄色、加着重号，需要使用_____命令。

（3）若在 Word 2010 编辑状态下添加项目符号和编号，需要使用的菜单是_____。

（4）要使文档横向打印，应在"页面设置"中的_____选项卡中进行设置。

2. 单项选择题

（1）Word 2010 不具有的功能是（　　）。

A. 表格处理　　　B. 图形绘制　　　C. 网络设置　　　D. 自动更正

（2）在 Word 2010 中，查看文档的打印效果的屏幕视图是（　　）。

A. 普通视图　　　　　　　　B. 大纲视图

C. 页面视图　　　　　　　　D. 文档结构视图

（3）在 Word 2010 中替换功能所在的菜单是（　　）菜单。

A. 格式　　　　　B. 工具　　　　C. 视图　　　　D. 编辑

（4）在 Word 2010 的"段落"对话框中，不可以设定段落的（　　）。

A. 缩进　　　　　B. 间距　　　　C. 对齐　　　　D. 行距

（5）在 Word 2010 文档中设置分栏排版时，不能设置的项目是（　　）。

A. 分栏数　　　　B. 栏宽　　　　C. 分割线线型　　　D. 应用范围

3. 简答题

（1）如何设置字体的格式？

（2）如何插入表格？

第4章 Excel 2010 电子表格软件

【知识目标】

（1）掌握 Excel 2010 创建表格的基本操作方法。

（2）掌握 Excel 2010 表格的统计运算功能。

（3）掌握 Excel 2010 表格的图表功能。

【结构框图】

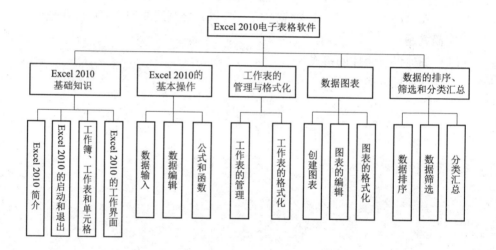

【学习重点】

（1）掌握解统计图表的基本操作。

（2）学会用 Excel 2010 建立简单的统计图表以及使用数据图表对数据进行分析。

（3）能够编辑和格式化图表。

【学习难点】

（1）区分单元格中能输入的两种数据类型。

（2）学会用 Excel 2010 建立与实际应用相关的统计图表。

（3）借助于图表的建立与编辑功能，通过对已知数据的处理，体会建立图表对直观理解的重要意义。

4.1　Excel 2010 基础知识

4.1.1　Excel 2010 简介

Microsoft Excel 是微软公司 Microsoft Office 办公软件家族中的重要成员，是由 Microsoft 为 Windows 和 Apple Macintosh 操作系统的电脑而编写和运行的试算表软件。Excel 是目前全球使用用户最多的电子表格软件，是微软办公软件套装的一个重要部分，它可以通过统计图表直观了解数据以及进行多种数据的处理、统计分析，因此广泛应用于管理、统计财经、金融、文秘办公等众多领域。

4.1.2　Excel 2010 的启动和退出

Excel 2010 是日常办公最常见的电子表格软件，它拥有强大的数据处理与分析功能。在使用 Excel 2010 对数据进行处理之前，首先要启动软件，下面介绍启动和退出 Excel 2010 的操作方法。

1. 启动

启动 Excel 2010 与启动其他应用程序软件类似，常用的有两种方法。

1）通过"开始"菜单启动

单击桌面左下角的"开始"菜单，在弹出的菜单中选择"所有程序"，选中"Microsoft Office"，在下拉菜单中单击"Microsoft Excel 2010"，即可打开 Excel 2010。

2）通过建立桌面快捷方式启动

在安装 Excel 2010 时，我们为了快速启动 Excel 2010，可以在桌面上创建 Excel 2010 的快捷方式。之后只需双击该快捷方式即可启动 Excel 2010。

2. 退出

当完成电子表格的编辑时，我们就可以退出程序。退出 Excel 2010 的操作方法主要有以下几种。

（1）单击窗口左上角的"文件"选项，在下拉菜单中选择退出，即可关闭 Excel 2010。

（2）单击窗口标题栏右上角的关闭按钮，是最直接且快速退出 Excel 2010 的方法之一。

（3）使用【Alt】+【F4】组合键可以快速关闭当前窗口。

4.1.3　工作簿、工作表和单元格

工作簿、工作表和单元格是 Excel 2010 中最基本的概念，所以在学习 Excel 2010 之前，必须先熟悉这三个概念。

1. 工作簿

工作簿是指用于处理和存储数据的文件，Excel 2010 中工作簿的扩展名为 ".xlsx"。每个工作簿可以包含多张工作表，同时每张工作表可以存储不同类型的数据。所以，在一个工作簿文件中可以管理多种类型的信息。一般情况下，系统默认启动 Excel 2010 的同时将自动生成一个包含 3 张工作表的工作簿，其名称分别是 Sheet1、Sheet2 和 Sheet3。

2. 工作表

工作表是指用于存储和处理数据的主要文档，也就是我们通常所说的"电子表格"。工作表是存储在工作簿中的，如上面所说，一个工作簿中可以包含一个或多个工作表。直观上，我们可以看到工作表是由排列在一起的行和列（即单元格）构成的。垂直的是列，用字母来标注；水平的是行，用数字来标注。

如果要对工作表进行滚屏翻页，可以使用键盘上的【PgUp】和【PgDn】键。用【Ctrl】+【↑】或【Ctrl】+【↓】组合键可将工作表翻到第一行或者最后一行；用【Ctrl】+【←】或者【Ctrl】+【→】组合键可将工作表翻到第一列或者最后一列。

3. 单元格

每张工作表都是由很多个长方形的存储单元所构成的，这些便是"单元格"。当用户输入数据时，数据就会被保存在这些单元格中。

单元格的命名是由它们所在的行和列的位置决定的。例如"F13"表示列号为"F"与行号为"13"的交叉点上的单元格。

当前选取的单元格称为活动单元格。要选取单元格，用鼠标单击相应的单元格即可，这个操作也称作激活。单元格被选中后，会被黑色框线围住，编辑栏上的名称框中也会显示该单元格的名称。同时，选中的单元格对应的列标格与行标格则变为橙色。我们只有先选中单元格，才能对其进行输入和编辑数据。

4.1.4　Excel 2010 的工作界面

熟悉软件的工作界面是掌握 Excel 2010 的基础。首先，我们用以前学过的方法启动 Excel 2010，其界面元素如图 4-1 所示。

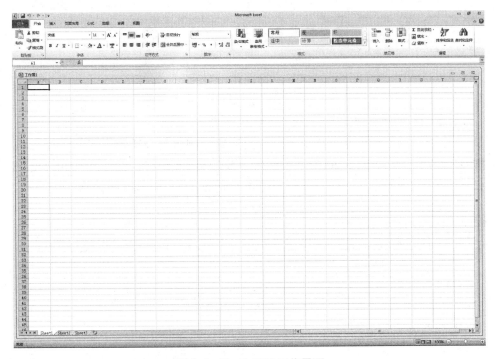

图4-1　Excel 2010 工作界面

1."开始"功能区

"开始"功能区中包括剪贴板、字体、对齐方式、数字、样式、单元格和编辑七个组，对应 Excel 2003 的"编辑"和"格式"菜单部分命令。该功能区主要用于帮助用户对 Excel 2010 表格进行文字编辑和单元格的格式设置，是用户最常用的功能区，如图4-2 所示。

图4-2　"开始"功能区

2."插入"功能区

"插入"功能区包括表格、插图、图表、迷你图、筛选器、链接、文本和符号几个组，对应 Excel 2003 中"插入"菜单的部分命令，主要用于在 Excel 2010 表格中插入各种对象。当鼠标指向工具栏上的图标时，就会自动显示出该图标的命令提示和所对应的快捷键，如图4-3 所示。

图 4-3　"插入"功能区

3. "页面布局"功能区

"页面布局"功能区包括主题、页面设置、调整为合适大小、工作表选项、排列几个组，对应 Excel 2003 的"页面设置"菜单命令和"格式"菜单中的部分命令，用于帮助用户设置 Excel 2010 表格页面样式，如图 4-4 所示。

图 4-4　"页面布局"功能区

4. "公式"功能区

"公式"功能区包括函数库、定义的名称、公式审核和计算几个组，用于实现在 Excel 2010 表格中进行各种数据计算，如图 4-5 所示。

图 4-5　"公式"功能区

5. "数据"功能区

"数据"功能区包括获取外部数据、连接、排序和筛选、数据工具和分级显示几个组，主要用于在 Excel 2010 表格中进行数据处理相关方面的操作，如图 4-6 所示。

图 4-6　"数据"功能区

6. "审阅"功能区

"审阅"功能区包括校对、中文简繁转换、批注和更改四个组，主要用于对 Excel 2010 表格进行校对和修订等操作，适用于多人协作处理 Excel 2010 表格数据，如图 4-7 所示。

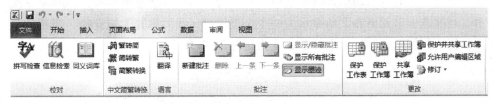

图 4-7　"审阅"功能区

7. "视图"功能区

"视图"功能区包括工作簿视图、显示/隐藏、显示比例、窗口和宏几个组，主要用于帮助用户设置 Excel 2010 表格窗口的视图类型，以方便操作，如图 4-8 所示。

图 4-8　"视图"功能区

4.2　Excel 2010 的基本操作

4.2.1　数据输入

Excel 2010 工作表主要包括了许多单元格，这些单元格就是用来存放数据的。数据的类型主要有文本、数字、日期、时间、货币、公式和函数等。其实，处理电子表格就是处理单元格内的各种数据。因此，数据输入与编辑是最基本、最重要的操作之一。

那么，要想在工作表中输入数据，必须选定要输入数据的单元格或区域。输入数据的方法有很多种，可以直接通过手工输入；也可以利用 Excel 2010 表格中单元格自动填充数据的功能。

下面介绍关于数据输入的单元格、单元格区域的选定、数据的类型及输入与自动填充数据部分。

1. 单元格、单元格区域的选定

必须先选定单元格或单元格区域，才能在其中输入和编辑内容。当一个单元格或单元格区域被选定为对象时，其边框变成粗黑线，而单元格区域的内部则成为蓝灰色，当前的活动单元格呈白色，并且行号、列号会突出显示，如图4-9所示。当前选中单元格右下角显示为一个小黑块时，我们称其为填充柄，当移动鼠标使其指向填充柄时，鼠标的形状变为黑色十字。

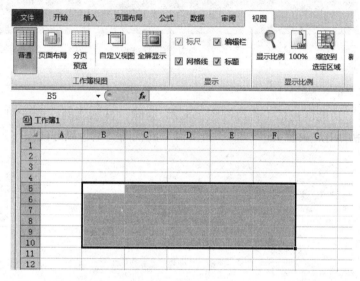

图4-9 选定单元格

2. 数据的类型及输入

Excel 2010 中每个单元格最多可以输入 32 000 个字符，按【Enter】键、【Tab】键、箭头键等均可确认输入；按【Esc】键可以取消输入。

单元格中能输入的是常量和公式两种数据类型，其区别在于，常量不是以"="开头。其中常量数据类型包括文本、数值和日期时间，下面我们来了解各种数据输入的不同特点。

1）文本输入

文本输入包括汉字、英文字母、数字以及其他形式符号的输入。输入的文本在单元格中的格式为左对齐，但若输入文本类型为电话号码等，则需在输入数字前加一个单引号，即 Excel 2010 就将其当作文本沿单元格左对齐。

2）数值输入

Excel 2010 的数值由数字 0~9 以及+、−、%、$、小数点（.）等特殊符号组成，数值类型在单元格中靠右对齐。如果输入的数值数据过长，Excel 2010 会自动以科学计数法表示，如 5.23E+13。由于其数字精度为 15 位，所以当数字长度超过 15 位时，多余的位数将会自动转换为 0。当在单元格中输入分数时，必须在整数部分和分数部分之间键入空格，例如 $5\frac{2}{3}$，需要输入单元格中的格式为 "$5\frac{2}{3}$"。如果需要输入的分数小于 1，则要在分数前面加一个 0。在数字前输入字符 "￥" 和 "$"，表示输入的数据为货币类型。

3）日期时间输入

Excel 2010 默认了时间和日期数据的输入形式，它们被作为特殊数值处理。当输入以斜杠 "/" 或减号 "−" 分隔的数据时，会被默认识别为日期格式，如1986/04/19 或 1986−04−19 表示的是 1986 年 4 月 19 日；而以冒号 "："分隔的数字则被默认为时间。

3. 自动填充数据

下面我们简单介绍一下自动填充数据的步骤。填充结果如图 4-10 所示。

（1）当在单元格区域中填充的数据时，要输入的数据必须是同一行或同一列。如果是横向填充应选在同一列输入，否则应在同一行。

（2）选择同一行或同一列上包含已经输入数据的单元格或单元格区域。

（3）将鼠标指针移到填充柄上，指针呈现黑十字时单击鼠标左键，沿着需要填充数据的方向移动，直到需要的位置时释放鼠标，则自动填充的数据将复制到单元格或单元格区域。

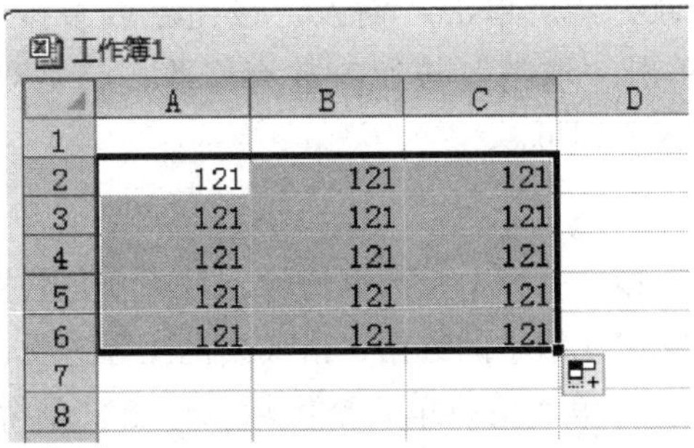

图 4-10　自动填充

注意，当输入的单个单元格中的内容为纯字符、纯数字或是公式时，自动填充的结果相当于数据复制。若输入内容为文字与数字的混合体，则填充时文字不变，数据递增，如图4-11所示。当输入连续单元格中的数据存在等差关系时，选中连续有规律的单元格区域，沿相同的方向拖动填充柄，即会自动填充接下来的等差数据，如图4-12所示。

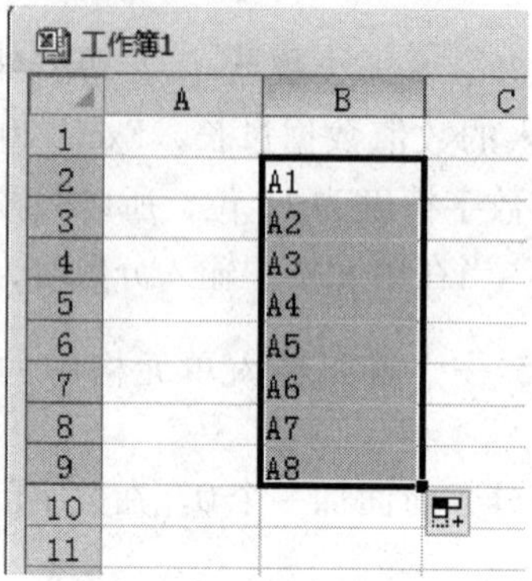

图 4-11　数据递增

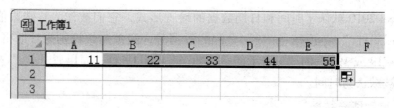

图 4-12　等差数据

4.2.2　数据编辑

数据编辑包含数据的修改、复制、移动、删除以及单元格、行和列的插入与删除等。

1. 数据修改

修改单元格中已有的数据有两种方法：一是先选定需要修改的单元格，在编辑栏中进行相应的修改，然后单击"输入"按钮✓或者按下【Tab】键确认输入，按【Esc】键或单击"取消"按钮✕放弃修改；二是双击需要修改的单元格，直接对数据进行修改即可。

2. 数据删除

数据删除包括两个概念，一个是数据清除，另一个是数据删除。

数据清除是指删除单元格中的数据、格式或批注等选项，而单元格本身不受影响。首先选定要清除的单元格或单元格区域，单击"清除"按钮，其下拉菜单选项包括"全部清除""清除格式""清除内容""清除批注"和"清除超链接"，即可清除相应的对象，如图4-13所示。同时也可以选定单元格或单元格区域后直接按【Delete】键清除数据。

数据删除针对的是单元格，删除后单元格中的数据全部从工作表中消失。可以选定需要删除的单元格或区域，单击"删除"按钮，然后在下拉菜单中选择"删除单元格""删除工作表行""删除工作表列"或"删除工作表"。

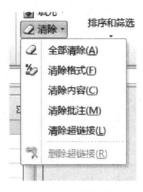

图4-13　清除选项

3. 数据的移动和复制

数据移动和复制既可利用菜单命令或工具栏操作完成，也可利用鼠标完成。下面我们只介绍简单的鼠标移动或复制数据的操作方法。

首先我们还是要选定需要移动或复制数据的单元格或单元格区域，将鼠标指向选定区域的粗边框时，鼠标形状成为箭头。

此时用鼠标将选定区域拖动到需要粘贴的区域，释放鼠标，即可实现数据的移动且可替换粘贴区域中现有数据。若按住【Ctrl】键，重复上述操作，则可实现数据的复制且可替换张贴区域中现有数据。若按住【Shift】键，重复上述操作，即可实现数据的移动并将其插入到粘贴区域中。若按住【Shift】+【Ctrl】组合键，重复上述操作，即可实现数据的复制并将其插入到粘贴区域中。若按住【Alt】键，再用鼠标将选定区域拖动到目标工作表标签上，即可实现将选定区域中数据拖动到其他工作表。

4. 插入单元格、行或列

若输入数据时有遗漏，则要根据需要插入单元格、行或列。首先，还是要选定需要插入的单元格区域或行、列。注意，如果插入的是单元格或单元格区域，那么选择的待插入单元格数目必须与空单元格数目相等。然后单击"插入"按钮，在下拉菜单中选择相应的操作即可。

4.2.3　公式和函数

对于输入到 Excel 2010 中的数据，可以利用软件中的公式功能来对其进行计算，而函数一般是公式的重要组成部分。当输入正确的公式或函数后，计算结果会立刻显示在单元格中。

1. 运算符

公式中使用的运算符共有四种，分别是数学运算符、比较运算符、文本运算符和引用运算符。

（1）数学运算符：+（加）、-（减）、*（乘）、/（除）、^（乘方）和%（百分比）等。

使用数学运算符需要遵守的是一般数学的计算准则，即"先乘除，后加减"。

（2）比较运算符：＝（等于）、＞（大于）、＜（小于）、≥（大于等于）、≤（小于等于）和≠（不等于）。

运用比较算符能够比较两个数据的大小，当比较的条件成立时为 TURE；反之，则为 FALSE。

（3）文本运算符：&。

为了把两段独立的文本连接成一段连续的文本，会用到文本运算符 &。例如，在单元格 A1 中输入"Welcome"，在单元格 B1 中输入"to"，然后在 C1 的编辑栏中输入公式"＝A1&B1&Beijing"，按下【Enter】键，在单元格 C1 中显示结果为"Welcome to Beijing"。注意，公式中 Beijing 两侧的引号必须是在英文状态下输入的。

运算符优先级从高到低的顺序排列如下：（）、%、^、＊、／、＋、－、&、比较运算符。当运算符优先级相同时，按照从左到右的顺序计算。

2. 函数

函数包含常用函数、统计、财务、文字、逻辑、查找与引用、日期和时间、三角函数等。其语法形式为"函数名称（参数）"，其中参数形式可以是常量、单元格、名称或者其他函数形式。

常用函数介绍。

（1）SUM（number1，number2，…）——返回后一单元格区域中所有数值之和。

① number1，number2，…为需要求和的参数。

② 直接输入到参数表中的数字、逻辑值及数字的文本表达将被计算。

③ 如果参数为数组，则只有其中的数字将被计算。数组中的空白单元格、逻辑值、文本或错误值被忽略。

④ 如果参数为错误值或不能转换成数字的文本，将会导致错误。

（2）AVERAGE（number1，number2，…）——返回参数平均值（算术平均）。

① number1，number2，…为需要计算平均值的参数。

② 参数可以是数字，或者是涉及数字的名称、数组或引用。

③ 如果数组或单元格引用参数中有文字、逻辑值或空单元格，则忽略其值。

（3）MAX（number1，number2，…）——返回数据集中的最大数值。

① number1，number2，…为需要找出最大数值的参数。

② 可将参数指定为数字、空白单元格、逻辑值或数字的文本表达式。如果

参数为错误值或不能转换成数字的文本，则将产生错误。

③ 如果参数为数组或引用，则只有数组或引用中的数字将被计算。数组或引用中的空白单元格、逻辑值或文本将被忽略。如果逻辑值和文本不能忽略，则使用函数 MAX 代替。

④ 如果参数不包含数字，函数 MAX 返回 0。

（4）MIN（number1，number2，…）——返回给定参数表中的最小值。

number1，number2，…是要从中找出最小值的数字参数。（其他应用要求与 MAX 相似。）

（5）COUNT（value1，value2，…）——返回参数的个数。利用 COUNT 可以计算数组或单元格趋于中的数字项的个数。

① value1，value2，…是包含或引用各种类型数据的参数，但只有数字类型的数据才被计算。

② 函数 COUNT 在计数时，将把数字、空值、逻辑值、日期以及文字代表的数计算进去，但错误值或其他无法转化成数字的文字将被忽略。

③ 如果参数是一个数组或引用，那么只计算数组或引用中的数字，数组或引用中的空单元格、逻辑值、文字或错误值都将忽略。如果要统计逻辑值、文字或错误值，则使用 COUNTA。

（6）RANK（number，ref，order）返回一个数值在一组数值中的排位。

① number 为所需要找到排位的数字。

② ref 为包含一组数字的数组或引用。ref 中的非数值型参数将被忽略。

③ order 为一数字，指明排位的方式

④ 如果 order 为 0 或省略，则 Excel 将 ref 当作按降序排列的数据清单进行排列；如果 order 不为零，则 Excel 将 ref 当作按升序排列的数据清单进行排列。

⑤ 如果数据清单已经安排过顺序了，则数值的排位就是它当前的位置。

输入函数有两种常见的方法：一是直接输入，在键入等号后直接输入函数名称及各个参数；二是粘贴函数法，用鼠标单击"公式"功能区的"插入函数"按钮，即可弹出如图 4-14 所示的对话框。在其中选择所要输入的函数后，会弹出"函数参数"对话框，如图 4-15 所示。此对话框中参数可以是常量、单元格或单元格区域，最后单击"确定"按钮即可完成函数输入。

3. 自动求和

Excel 2010 中使用最多的函数之一就是自动求和函数 SUM。例如，如果要对区域中一列数据进行自动求和，需选定此列，然后用鼠标单击公式功能区的"自动求和"按钮，自动求和的结果就会显示在选定列下方一列的单元格中。

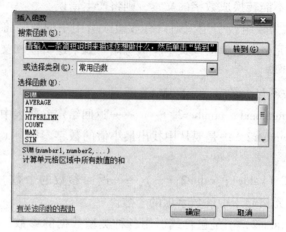

图 4-14 "插入函数"对话框

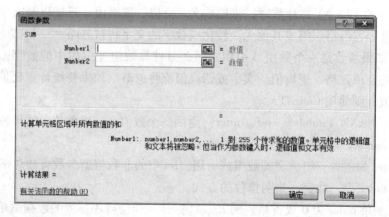

图 4-15 "函数参数"对话框

4. 公式、函数计算后的出错信息

当某个单元格的公式或函数无法正确计算时，Excel 将在此单元格中显示一个错误信息，下面列出一些常见的出错信息。

"####"：计算得出的结果太长或者输入到单元格中的数值太长。

"#N/A"：没有可用的数值。

"#DIV/0!"：0 被当作除数。

"#NAME?"：不能识别公式、函数中使用的名称。

"#NULL!"：公式或函数中区域运算符或单元格引用不正确。

"#NUM!"：对于要求输入数字的参数项，使用了不可接受的数据内容。

"#RFF!"：引用了无效的单元格。

"#VALUE!"：数据类型不对。

4.3 工作表的管理与格式化

4.3.1 工作表的管理

当新建一个工作簿时，软件会自动生成3个新建的空白工作表。根据实际需要，有时需要增添另外的工作表，而有时却需要删除多余的工作表，有时还需要对工作表进行重新命名。

1. 工作表的插入、删除和重命名

其实插入和删除工作表的操作很简单，首先选定要插入或删除的工作表，单击"开始"功能区的"插入"按钮，然后选择"插入工作表"命令即可插入工作表，相应的执行"删除"→"删除工作表"命令即可实现工作表的删除。

系统默认的新建空白工作表名称为"Sheet+数字"的形式，用户可以根据需要自定义工作表名，即重命名工作表。双击需要改名的工作表标签，输入新工作表名称，然后回车即可完成工作表的重命名。

2. 工作表的复制与移动

在实际应用中，经常需要移动或复制工作表，可以通过执行菜单命令或者鼠标操作两种方法实现。

如果要实现在不同工作簿之间移动或复制工作表，必须要保证两个工作簿同时打开。选定需要移动或复制的工作表，执行"格式"→"移动或复制工作表"命令，弹出如图4-16所示的对话框。对话框有三个选项，分别为"工作簿""下列选定工作表之前"和"建立副本"。"工作簿"下拉列表框是用来选择接收工作表的工作簿；"下列选定工作表之前"下拉列表框是用来选定插入移动或复制工作表的位置；而选中"建立副本"选项实现的是复制工作表而非移动。

图4-16 移动或复制工作表

3. 隐藏和取消隐藏工作表

当需要时可以隐藏工作表内容，具体方法是：选定需要隐藏的工作表作为当前工作表，单击"开始"功能区的"格式"按钮，选择"隐藏和取消隐藏"→"隐藏工作表"，当前工作表就会消失。当需要再次调出该工作表时，执行"取消隐藏工作表"即可。

4.3.2 工作表的格式化

当工作表中的数据已经输入完成时，还要对工作表的格式进行设置，目的是使工作表版面更加合理、整洁。

1. 自定义格式化

单击"开始"功能区的"格式"按钮，选择"设置单元格格式"，打开"设置单元格格式"对话框，如图4-17所示，它包含六个可以设置的方面：数字、对齐、字体、边框、填充和保护。

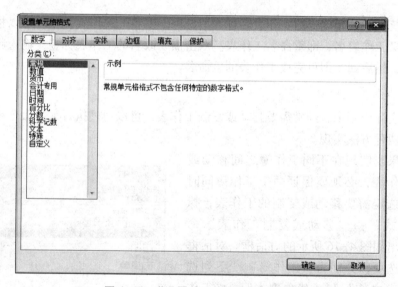

图4-17 "设置单元格格式"对话框

对工作表显示方式进行格式化，称为格式化工作表；改变单元格内容的字体、颜色、对齐方式等，称为格式化单元格。

Excel 2010大多数情况下进行的是数据计算，所以软件提供了常用的数字格式以方便用户使用。选择"数字"选项卡，然后选择合适的格式，单击"确定"按钮即可。

"单元格格式"对话框中有一个选项卡为"保护"，目的是禁止对单元格数据进行编辑以及将公式隐藏起来。只有在工作表被保护时，锁定单元格或隐藏公式才有效。

2. 自动套用格式

Excel 2010 提供了很多预设的制表格式供用户自动套用，首先选定要格式化的范围，单击"套用表格格式"，在下拉菜单中选择相应的格式即可。

3. 条件格式

在某些情况下，用户可能需要将表格以某种特定条件的单元格形式显示。条件格式功能就是根据特定的公式或数值确定搜索条件，对于满足条件的单元格格式，Excel 2010 将会自动将特定的条件格式应用于该单元。

选定要进行条件格式设置的单元格或单元格区域，单击"条件格式"按钮，弹出如图 4-18 所示的下拉菜单，从中选择条件运算符，包括"介于""大于""小于"等。

图 4-18　条件格式

4. 复制和删除

对于已经格式化了的数据区域，如果其他区域也要使用该格式，则不必重新设置格式，可以直接通过格式复制来快速完成。

最简单的格式复制法是使用常用工具栏中的"格式刷"。选中要复制的格式区域，单击"格式刷"，将转变为刷子形状的鼠标移动到目标区域，拖动鼠标，则鼠标刷过地方的格式成为指定区域的格式；也可以执行菜单栏中"复制"命令，确定要复制的格式，然后选定目标区域，执行"粘贴"命令，就可以把复制区域的格式复制过来。

如果想要删除已有格式的区域，首先选定区域，执行"清除"命令将已设定的格式删除。删除后，该区域中的数据为默认数据格式。

4.4 数据图表

由工作表中的数据可以生成相应的图表，这样更能形象地反映出数据之间的对比关系及趋势走向，同时可以将抽象的数据形象化。图表中数据会随着工作表中相应数据源的变化而自动更新。输入 Excel 2010 中的数据除了可以用图表显示外，还可以创建为数据图形、插入或绘制各种图形，使工作表更加形象生动。

4.4.1 创建图表

Excel 2010 有嵌入式图表和工作表图表两种图表类型。嵌入式图表与创建图表的数据源在同一张工作表中，可以同时打印。工作表图表是只包含图表的工作表，打印时与数据表分开打印。嵌入式图表的创建条件是在工作表数据附近插入图表，而工作表图表的创建条件是在工作簿的其他工作表上插入图表。

创建图表主要有两种方式，一种是通过功能区按钮创建，另一种是利用快捷键创建图表。一般需要有确定的数据源才能生成图表，其中数据要以列或行的方式存放在工作表的一个区域中。应当注意的是，如果选定区域有文字，则其应在选定区域的最左列或最上行。

1. 通过功能区按钮创建图表

在 Excel 2010 组件中，提供了多种图表类型的模板供用户选择，用户可根据数据的形式和使用的要求来选择适用的图表类型，并绘制出满意的图表，图表类型模板位于"插入"功能区中，如图 4-19 所示。

图 4-19　创建图表

创建图表时，先选择用于创建图表的数据范围，在"图表"功能组中单击所需图表类型的按钮，然后在下拉菜单中选择子图表类型。

在 Excel 2010 中，还可利用数组常量法来绘制图表，它的特点是用户不需要将数据源输入到工作表中，而是直接在设计选项卡下数据组中的"选择数据"控件中输入数据信息来完成图表的绘制。当只将工作表中的部分数据绘制成图表或者绘制的数据区域不太连续时，利用数组常量法来选择数据也比较方便。

2. 快捷创建图表

在 Excel 2010 中可通过快捷键来快速地绘制图表，快捷绘制图表只需在选定数据区域后按相应的快捷键即可。按【Alt】+【F1】组合键快速绘制嵌入式图表，按【F11】键快速绘制图表工作表。

4.4.2　图表的编辑

图表编辑是指对已经形成的图表中各个对象、图表类型、图表布局和外观、图表中的数据与文字进行的编辑和设置，由于其大都是针对图表的某项或某些项进行的，所以在编辑之前必须首先选定要操作的对象。

在 Excel 2010 中，图表往往是由许多图表项组成的，选择图表对象有两种基本方法。一种是选定图表后，单击"图表"工具栏中的"图表对象"，则会在下拉菜单中显示出所有图表对象，选中需要操作的对象名，就选中了图表中相应的需要操作的对象；另一种是单击横坐标或纵坐标，直接选中分类轴或数值轴，则相应的图表对象名也会在名称框中显示出来。

1. 图表的移动、复制、缩放和删除

可以把图表对象看作一个普通图形对象，那么拖动鼠标可以移动图表；按键盘上的【Ctrl】键，同时拖动鼠标可以复制图表；按【Delete】键为删除图表。也可以利用功能区的选项在不同工作表和不同应用程序之间完成上述操作。

2. 增加和删除图表数据

删除数据，只需在图表中选定需要删除的数据系列，按【Delete】键即可将其从图表中删除。注意，这一操作并不会影响到工作表中的源数据。但是，如果删除了工作表中的源数据，图表中相应的数据点会自动删除。

在嵌入式图表中添加数据，只需在工作表中选定需要添加的数据，将其拖入图表区即可；在图表工作表中添加数据，执行"图表/添加数据"命令，弹出"添加数据"对话框，选中要添加的数据区域即可。

3. 设置图表选项

在 Excel 2010 中，选定一个图表之后会自动弹出"图表工具"功能区，在

"布局"子功能区中包含图表标题、坐标轴标题、网格线、图例、数据标签等选项，如图 4-20 所示，可以对相应的选项进行设置。

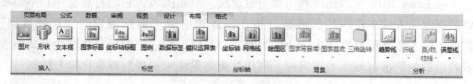

图 4-20　图表选项设置

4.4.3　图表的格式化

图表中包含的图表项都可以进行包括文字与数值的格式，边框的样式、粗细，内部填充的颜色或图案等的格式设置，这就是图表的格式化。格式设置的基本方法有以下 3 种：

（1）在 Excel 2010 中选定一个图表后可弹出"图表工具"功能区，在"格式"子功能区中可对图表的格式进行设置。

（2）直接用鼠标右键单击图表对象，选择"设置图表区域格式"即可打开如图 4-21 所示对话框，对话框中有可供设置的标签栏选项，用户可按需求设置最终所需的格式。

（3）直接用鼠标双击该对象，也可弹出如图 4-21 所示对话框。

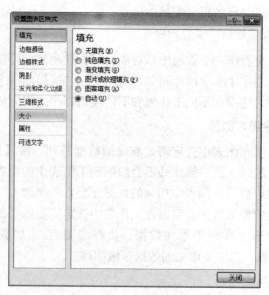

图 4-21　"设置图表区格式"对话框

4.5　数据的排序、筛选和分类汇总

4.5.1　数据排序

通过对数据排序，可以使查找或观察数据更为方便。Excel 2010支持数据排序功能，它可根据单元格的数值使数据按特定的顺序排序，用户只需分别指定关键字及升降序，即可完成简单或复杂的排序操作。

1. 简单数据排序

如果只对单列数据进行排序，则可以直接单击"开始"功能区的"排序和筛选"按钮，然后在下拉菜单中选择"升序"按钮或"降序"按钮即可。

2. 复杂数据排序

一般情况下，我们通常要对多列的数据进行排序，如先按"平均成绩"排序，"平均成绩"相同时再按"总成绩"排序，"总成绩"相同时再按某一科目的成绩进行排序，这种情况下，我们可采用如下的排序方法。

单击要排序数据区中任一单元格，单击"排序和筛选"按钮，在下拉菜单中选择"自定义排序"，弹出"排序"对话框，如图4-22所示，根据排序所依据的先后次序分别填写"主要关键字""次要关键字"等。

图4-22　"排序"对话框

单击"排序"对话框中"选项"按钮，弹出"排序选项"对话框，如图4-23所示，用户可以设置自定义排序次序、排序时是否区分大小写、排序的方向是按行或列、排序的方法是按字母顺序还是按笔画顺序。

4.5.2 筛选数据

数据筛选就是按一定条件从工作表中筛选出符合要求的数据记录，这是一种查找数据的快速方法。使用"筛选"功能可以在数据清单中显示出满足条件的数据行，而将不符合条件的数据暂时隐藏起来。对数据进行筛选的方式有"自动筛选"和"自定义自动筛选"两种。

图4-23　"排序选项"
对话框

1. 自动筛选

需要注意的是，在执行自动筛选操作时数据表中必须有列标记。下面以学生成绩表为例说明使用"自动筛选"功能筛选数据的操作步骤。

选定需要筛选的数据清单中任一单元格，单击"排序和筛选"按钮，在其下拉菜单中选择"筛选"。此时，在每个列标记右侧都会显示插入了一个下三角按钮，单击包含用户需要显示的数据列对应的下三角按钮，即可看到一个如图4-24所示的下拉列表。

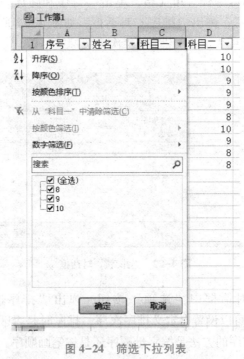

图4-24　筛选下拉列表

下面要对筛选条件进行设置，如在本例中，要选出科目一成绩最高分的前四个人，则在下三角按钮展开的列表中单击"数字筛选"→"（10个最大的值）"，弹出"自动筛选前10个"对话框，将对话框中选项分别设为"最大""4""项"，如图4-25所示，单击"确

图4-25　"自动筛选"前10个对话框

定"按钮。此时就会看到经过筛选以后的结果，也就是只显示第一组成绩最高的前四名学生的数据记录。

2. 自定义自动筛选

Excel 2010的"自定义筛选"功能可实现对已有数据的有条件的筛选。仍以上述数据为例，若想查找第一组和第二组成绩均大于9分的学生情况，首先还是要在筛选的数据清单中选定单元格，单击"排序和筛选"按钮，在弹出的下拉菜单中选择"筛选"命令，单击"科目一"右侧的下三角按钮，出现一个下拉列表框，在此列表框中选择"数字筛选"→"自定义筛选"命令，弹出"自定义自动筛选方式"对话框，如图4-26所示。在对话框中单击第一个下拉列表框，其中包含了一些常见的比较运算符，选择与要求相符合的条件，然后在其右侧的下拉列表框中输入合适的数字。确认无误后，单击"确定"按钮，即可以得到自定义筛选数据清单。

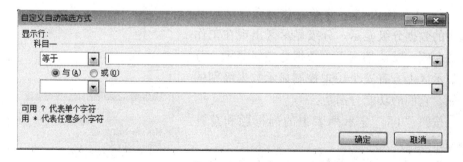

图4-26　"自定义自动筛选方式"对话框

3. 取消筛选

如果想要取消单列的筛选，则单击"科目一"右边的按钮，弹出如图4-27所示的下拉菜单，单击"从'科目一'中清除筛选"即可。或者在开始功能区中单击"排序和筛选"按钮，选择"清除"命令。

图4-27　清除筛选

4.5.3　分类汇总

在实际应用中经常要将同一类别的数据放在一起，然后进行统计计算，这就需要用到分类汇总。Excel 2010的分类汇总功能可以分类求和、计数、求平均值等。

1. 分类汇总表的建立

下面我们来介绍一下进行分类汇总的方法。首先要确定数据表格的主要分类字段，并按其分类字段对数据表格进行排序。单击"数据"功能区的"分类汇总"按钮，打开如图4-28所示的对话框。在"分类汇总"对话框中，用来选择分类字段的是"分类字段"下拉列表框；用来选择汇总方式的是"汇总方式"下拉列表框；用来选择要进行汇总数据项的是"选定汇总项"列表框。最终选定相应的条件后，单击"确定"按钮即可。

若取消分类汇总，只需在如图4-28所示的对话框中单击"全部删除"按钮，数据显示就会自动回到未分类汇总状态。

2. 分类汇总数据的分级显示

Excel 2010在进行分类汇总时会自动对列表中的数据分级显示。分级显示区出现在工作表的左侧，默认情况下，数据分三级显示。分级显示区上方有三个用来控制显示数据级别的按钮，它们的功能分别是：

按钮"1"，显示列表中的列标题和总计结果；

按钮"2"，显示列标题、各个分类汇总结果及总计结果；

按钮"3"，显示所有详细数据。

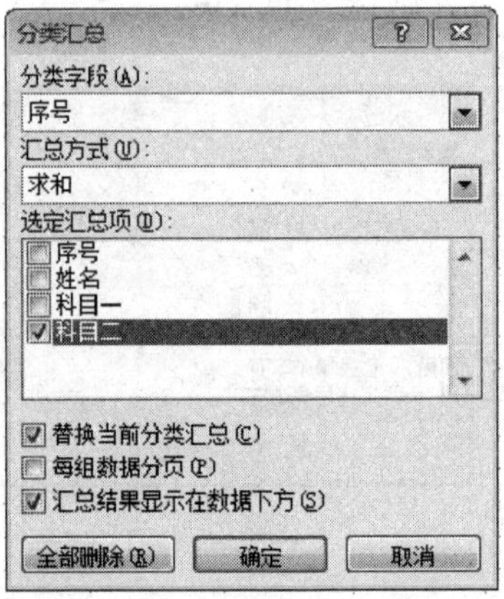

图4-28　"分类汇总"对话框

3. 嵌套汇总

若需要对同一张数据表进行不同汇总方式的分类汇总，可以重复分类汇总的操作。在"分类汇总"对话框"汇总方式"下拉列表框中选择汇总方式为所需的附加汇总方式，在"选定汇总项"列表框中选择要求的数据项并撤选"替换当前分类汇总"复选框，即可完成重复分类汇总的操作。

思考与练习

1. 填空题

（1）Excel 2010 中三个最基本的概念是_____、_____和_____。

（2）一个 Excel 2010 工作表可包含最多_____列。

（3）在工作中，对选取不连续的区域时，首先按_____键，然后单击需要的单元格区域。

（4）要改变显示在工作表中的图表类型，应在_____菜单中选一个新的图表类型。

（5）对数据进行筛选有_____和"自定义自动筛选"两种方式。

2. 单项选择题

（1）Excel 2010 文件默认的扩展名是（　　）。

　　A. "．doc"　　　　B. "．ppt"　　　　C. "．xlsx"　　　　D. "．bmp"

（2）在 Excel 2010 中，如果把数字当作字符，而不是数值输入，则应当（　　）。

　　A. 在数字前面加""　　　　　　　　B. 在数字前面加 0

　　C. 在数字前面加 '　　　　　　　　D. 在数字前面加 0 和空格

（3）工作表中单元格的数据如果是数值，则按照默认的规定，在显示时（　　）。

　　A. 靠右对齐　　　B. 靠左对齐　　　C. 居中　　　　D. 两边对齐

（4）在 Excel 2010 中，（　　）可拆分。

　　A. 任何没合并过的单元格　　　　B. 合并过的单元格

　　C. 基本单元格　　　　　　　　　D. 基本单元格区域

（5）在 Excel 2010 单元格中，若要将数值型数据 500 显示为 500.00，应将该单元格的单元格格式设置为（　　）。

　　A. 常规　　　　B. 数值　　　　C. 自定义　　　　D. 特殊

3. 简答题

（1）简述分类汇总的具体操作方法。

（2）用 Excel 2010 创建的电子表格文件能在 Excel 2003 中打开吗？如果不能，如何操作才能实现兼容？

第 5 章　PowerPoint 2010 电子演示文稿

【知识目标】

（1）掌握 PowerPoint 2010 的基本操作。

（2）掌握利用 PowerPoint 2010 对象的插入及对幻灯片的设置。

（3）利用 PowerPoint 2010 创建内容丰富、形式优美的演示文稿。

【结构框图】

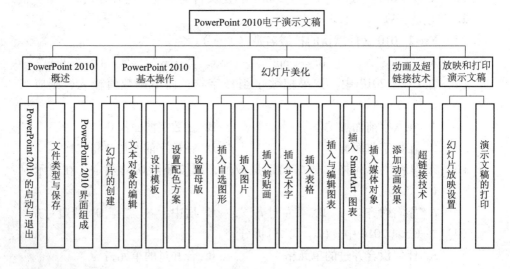

【学习重点】

（1）PowerPoint 2010 演示文稿的创建。

（2）PowerPoint 2010 演示文稿的动画放映效果设置。

（3）公式和图表等对象的插入技术。

（4）视频、音频和动画等文件的超级链接技术。

【学习难点】

（1）公式和图表等对象的插入技术。

（2）视频、音频和动画等文件的超级链接技术。

5.1　PowerPoint 2010 概述

PowerPoint 是微软公司推出的 Office 办公软件系列之一，可以快捷地制作各种具有高水准的演示文稿、彩色幻灯片以及投影胶片，并通过投影仪来全屏放映。随着各行各业对 Office 办公软件的广泛普及，微软公司推出了 PowerPoint 2010，它不仅新增了三框式工作界面以及自动调整显示画面等功能，同时又在多媒体功能上做了改进，使 PowerPoint 主宰了多媒体制作的市场。目前 PowerPoint 2010 应用广泛，其既继承了旧版本的优良特点，又在外观、信息检索、多媒体演示、网络和服务上增加了更新过的播放器、刻录成 CD 及新幻灯片放映导航工具等内容。

5.1.1　PowerPoint 2010 的启动与退出

1. PowerPoint 2010 的启动

（1）单击"开始"→"所有程序"→"Microsoft office"→"Microsoft PowerPoint 2010"，打开的 PowerPoint 2010 界面如图 5-1 所示。

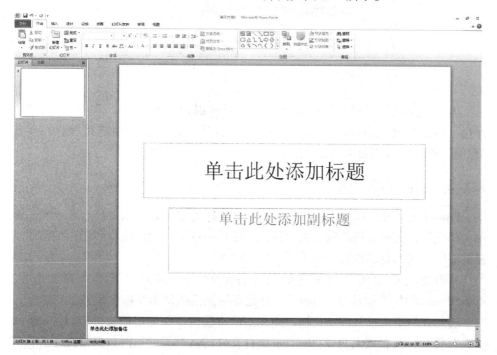

图 5-1　PowerPoint 2010 界面

（2）双击桌面上的"PowerPoint 2010"快捷图标。

（3）双击桌面上的"计算机"→"本地磁盘（C:）"→"Program Files"文件夹→"Microsoft Office"文件夹→"Office1"文件夹→PowerPoint 程序图标。

（4）若计算机中已存在 PowerPoint 2010 文件，则可打开已有文件，再单击"文件"→"新建"按钮。

2. PowerPoint 2010 的退出

用户完成操作后，需要退出 PowerPoint 2010。

常用的退出方法有以下两种：

（1）选择"文件"菜单中的"退出"命令退出 PowerPoint 2010。

（2）单击 PowerPoint 2010 工作界面右上角的关闭按钮。

注意： 如果打开了两个或两个以上的文档，则只关闭当前文档。如果只打开了一个文档，则关闭该文档并退出 PowerPoint 2010；如果对文档进行了修改并且尚未保存，那么在退出 PowerPoint 2010 时，系统会弹出一个"Microsoft PowerPoint"对话框，如图 5-2 所示。

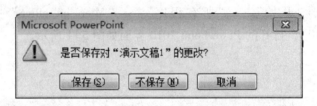

图 5-2 "Microsoft PowerPoint"对话框

单击"保存"按钮，保存修改后的文档并退出 PowerPoint 2010；单击"不保存"按钮，直接退出 PowerPoint 2010 并不对修改后的文档进行保存；单击"取消"按钮，取消退出操作并返回文档。

5.1.2 文件类型及保存

PowerPoint 可以打开和保存多种不同的文件类型，如演示文稿、Web 页、演示文稿模板、演示文稿放映、大纲格式、图形格式等。用户编辑和制作的演示文稿需要按不同的目的将其保存为不同的文件类型。

所有在演示文稿窗口中完成的文件都默认保存为"演示文稿"文件，PowerPoint 2010 扩展名为".pptx"，这是系统默认的演示文稿保存类型。

若想在网络上播放演示文稿，则在演示文稿窗口中完成的文件应以"web 页格式"保存，其扩展名为".html"。这种文件的保存类型与网页保存类型的格式相同，这样即可在 Internet 浏览器上直接浏览演示文稿。

若要将自己制作的比较独特的演示文稿保存为设计模板，以便将来制作相同风格的其他演示文稿，则在演示文稿窗口中完成的文件应选择"以演示文稿模板"文件格式保存。

可将幻灯片大纲中的主体文字内容转换为 RTF 格式（Rich Text Format），保存为"大纲"类型的文件，其扩展名为".rtf"，以便在其他的文字编辑应用程序中（如 Word 中）打开并编辑文稿。

可以将幻灯片保存为图元文件 WMF（Windows Meta File）格式，其扩展名为".wmf"，可以在其他处理图形的应用程序（如"图画"等）中打开并编辑其内容。

将演示文稿保存为固定以幻灯片放映方式打开的"PowerPoint 播放文档"的 PPS 文件格式，其扩展名为".pps"，保存为这种格式可以脱离 PowerPoint 系统，在任意计算机中播放演示文稿。

5.1.3　PowerPoint 2010 界面组成

1. 标题栏

标题栏位于工作界面的最上方，其作用是用来显示文档的名称。当打开或创建一个新文档时，标题栏上就会显示该文档的名字。标题栏主要包括文档名称、控制菜单按钮和窗口控制按钮。

（1）文档名称：文档名称在控制菜单按钮的左边，它表示当前正在使用的文档的名称。如果是新建的文档，则 PowerPoint 2010 会自动默认该文件名为"演示文稿1"。

（2）控制菜单按钮：右击时，在弹出的菜单中可以对窗口进行还原、移动、大小、最小化、最大化和关闭等操作，如图 5-3 所示。

（3）窗口控制按钮：窗口控制按钮位于标题栏的右边，从左到右分别为最小化按钮、向下还原按钮和关闭按钮。单击最小化按钮，窗口会缩小成为 Windows 任务栏上的一个按钮；单击最大化按钮，窗口会铺满整个屏幕，此时该按钮也会变成向下还原按钮；单击向下还原按钮，窗口会变回原来的大小，此时按钮也会变成最大化按钮；单击关闭按钮，窗口会被关闭。最大化按钮和向下还原按钮之间可以通过双击标题栏来实现切换。

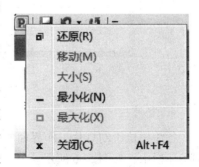

图 5-3　控制菜单

2. 功能区

PowerPoint 2010 的功能区包含 PowerPoint 2003 及更早版本中菜单与工具栏上的命令和其他菜单项。功能区旨在帮助用户快速找到完成某任务所需的命令。PowerPoint 2010 的功能区包括"开始""插入""设计""切换""动画""幻灯片放映""审阅""视图"8 个，如图 5-4 所示。

图 5-4　PowerPoint 2010 功能区

3. 编辑窗口文本框

编辑窗口是 PowerPoint 2010 的主要工作编辑窗口，如图 5-5 所示，编辑窗口内的两个虚线框就是文本框，用户可以在此输入、编辑、修改和浏览文本。

图 5-5　PowerPoint 2010 编辑窗口

4. 备注栏

备注栏位于幻灯片工作界面的下方，在编辑中，可以将需要说明的内容输入到备注栏中，如图 5-6 所示。

单击此处添加备注

图 5-6　备注栏

5. 视图栏

视图栏位于工作界面的右下角，有"普通视图""幻灯片浏览"和"阅读视图"三种视图模式。其中"普通视图"模式又包括"幻灯片"和"大纲"两种模式。"幻灯片"视图以界面为主显示。使用者在编辑过程中可选择"大纲"视图模式，在编辑完成进行审查时，可选择"幻灯片"视图模式查看整体效果，"大纲"视图以幻灯片文字内容为主显示。"幻灯片浏览"视图可将现有页面缩小，并排列在窗口中，以便使用者查看。"阅读视图"是 PowerPoint 2010 中新增的一个视图模式，打开"阅读视图"可以以窗口的形式进行幻灯片放映。

5.2 PowerPoint 2010 基本操作

5.2.1 幻灯片的创建

新建幻灯片大致可分为五种模式。

（1）空白演示文稿：最初始的演示文稿。

（2）根据最近使用过的演示文稿：在用户已经书写和设计过的演示文稿的基础上创建演示文稿。

（3）根据设计模板：在 PowerPoint 2010 提供的已经具备设计概念、字体和颜色方案的模板的基础上创建演示文稿。

（4）根据内容提示向导：使用"内容提示向导"应用设计模板，该模板会提供有关幻灯片的文本建议，然后键入所需的文本内容。

（5）Office Online 模板：在 Microsoft Office 模板库中，从其他 PowerPoint 模板中选择，这些模板是根据演示类型排列的。另外也可以在其他网站上下载模板。

5.2.2 文本对象的编辑

1. 占位符文本

占位符是指 PowerPoint 2010 幻灯片页面中的虚线方框，在这些方框中可以插入文本、图像、图标、表格、动画和声音等对象。当新建一个演示文稿时，占位符起到固定对象位置的作用。

如图 5-7 所示的演示文稿中包括 5 个占位符，其中单击最顶端的占位符可在其中编辑标题，中间的两栏占位符用来输入文本，最下面的两个占位符可输入文本和插入相应的对象。

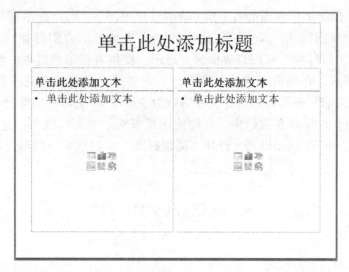

图 5-7　演示文稿

　　若要对占位符的属性进行设置，则双击占位符的边框或在边框上右击鼠标，在弹出的菜单中选择"设置形状格式"项，弹出如图 5-8 所示的对话框，以进行边框颜色、填充线条、占位符尺寸大小和缩放比例等属性的设置。

图 5-8　设置形状格式

2. 插入文本框

如果想在幻灯片中没有占位符的位置输入文本，可以插入新的文本框。新添加的文本框可以和已有的占位符重叠，系统默认先插入的对象在下层，后插入的对象在上层，重叠在下层的文本框由于被上层的对象覆盖而显示不出来，故可以用【Tab】键先通过调节层次关系分别编辑，然后再巧妙地设计不同的叠放次序以产生特殊的动画视觉效果。

具体操作：在"开始"功能区"绘图"组的形状库中，选择横排或竖排的文本框按钮，在幻灯片指定位置拖动鼠标，画出一个文本框，然后输入所需文字。若要对文本框的格式进行设置，则可单击右键，在弹出的快捷菜单中选择"设置形状格式"菜单命令，从而对其属性进行设置。

5.2.3　设计模板

设计模板是 PowerPoint 2010 专业美术设计师预先设计好的幻灯片，包括背景图案和配色方案等。PowerPoint 2010 提供了几十种内置模板可供选择，若这些模板不能满足要求，则还可以从网络上下载其他模板。

具体操作方法为：切换到"设计"功能区，如图 5-9 所示，在"设计"功能区的主题组中可以选择需要的主题。单击主题组右边的 ，选择"浏览主题"选项，弹出"选择主题或主题文档"对话框，可以浏览和应用计算机上的其他主题或模板。

图 5-9　"设计"功能区

5.2.4　设置配色方案

单击"设计"功能区的"颜色"按钮，即可在下拉菜单中选择相应的颜色方案，如图 5-10 所示。PowerPoint 2010 中提供了一些预设的颜色设置，由背景、文本和线条、阴影、标题文本、填充、超级链接等组成。

选择任务窗格下方"新建主题颜色命令"，弹出如图 5-11 所示对话框，在"新建主题颜色"对话框中可以对各个选项的颜色进行编辑，编辑好后单击"保存"按钮即可进行保存。

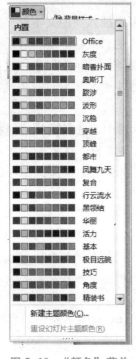

图 5-10 "颜色"菜单　　　　　　　图 5-11 新建主题颜色

5.2.5 设置母版

母版是 PowerPoint 2010 中一类特殊的幻灯片，共分为三类：幻灯片母版、讲义母版以及备注母版。其中幻灯片母版最为重要，它控制了幻灯片的所有格式，如字体、字号、颜色，此外还控制了背景色、某些特殊效果，如阴影和项目符号样式等。

1. 幻灯片设计

设计幻灯片母版的方法与创建幻灯片的方法类似，只是在设计母版前应先进入幻灯片母版编辑状态，具体操作如下：

（1）单击"视图"按钮进入"视图"功能区，从中选择"幻灯片母版"进入幻灯片母版视图，同时在窗口中显示"幻灯片母版"功能区，如图 5-12 所示。

（2）在标题占位符中单击鼠标，出现文本插入点，然后通过"格式"选项卡设置所需的格式。

（3）在正文占位符中选择需设置格式的标题级别，并设置其格式。

图 5-12　幻灯片母版

（4）单击幻灯片背景。选择"幻灯片母版"功能区中的"背景样式"按钮，选择"设置背景格式"命令，打开"设置背景格式"对话框，如图 5-13 所示。

图 5-13　"设置背景格式"对话框

在"填充"选项中可以选择"纯色填充""渐变填充""图片或纹理填充"

和"图案填充"，切换到不同的填充方式，在窗口下方会有相应的复选项，图 5-14 所示为"图片或纹理填充"对应的复选项。如果想要所有的幻灯片都是这一背景，则可以单击"全部应用"按钮；如果只想要当前幻灯片为此背景，则只需单击"应用"按钮。

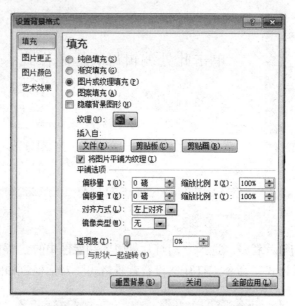

图 5-14　图片或纹理填充

（5）完成后，单击"幻灯片母版"功能区中的"关闭母版视图"按钮，退出幻灯片母版视图，则此时演示文稿中的所有幻灯片均已使用了设置的格式。

2. 页眉、页脚设置

在 PowerPoint 2010 中为幻灯片添加页眉、页脚的方式与 Word 2010 中有所不同，其具体操作如下：

（1）切换到"插入"功能区，单击"页眉和页脚"按钮，打开"页眉和页脚"对话框的"幻灯片"选项卡，如图 5-15 所示。

（2）选中"日期和时间"复选框可为幻灯片添加日期和时间，选中其下的"自动更新"单选按钮则可自动更新添加的日期和时间；选中"固定"单选按钮并在下面的文本框中输入要显示的日期和时间，则以后打开演示文稿都将显示该日期和时间。

（3）选中"幻灯片编号"复选框可在幻灯片的页脚位置添加编号，当删除或增加幻灯片时，编号自动更新；若选中"标题幻灯片中不显示"复选框，则第一张幻灯片中将不出现编号。

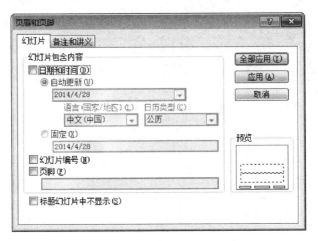

图 5-15　"页眉和页脚"对话框

（4）选中"页脚"复选框，并在其下的文本框中输入需显示的内容，则可在幻灯片的底部显示该内容。

（5）设置完成后，单击"全部应用"按钮可使设置应用于所有幻灯片；单击"应用"按钮则只应用于当前幻灯片。

5.3　幻灯片美化

5.3.1　插入自选图形

在幻灯片中插入各种自选图形的方法与 Word 2010 类似，操作方法如下：

（1）选择需插入自选图形的幻灯片。

（2）单击"插入"功能区的"形状"按钮，打开自选图形列表。

（3）在其中选择所需的自选图形后，鼠标指针将变成"十"字形状，此时可根据需要进行下列操作：

① 直接在幻灯片中相应的位置单击鼠标，自动插入预定大小图形。

② 按住鼠标左键拖动，插入所需大小的该形状图形，拖动鼠标，按住【Shift】键不放，插入保持形状的长宽比例图形。

5.3.2　插入图片

在"插入"功能区中单击"图片"按钮，打开"插入图片"对话框，如图 5-16 所示。

图 5-16 "插入图片"对话框

　　根据目标图片的路径选中需要的图片，单击"插入"按钮，即可在幻灯片上插入该图片。

5.3.3　插入剪贴画

　　单击"插入"功能区中的"剪贴画"按钮，弹出"剪贴画"任务窗格，如图 5-17 所示。

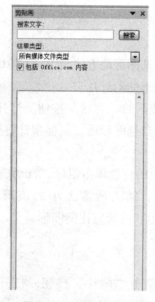

图 5-17　插入剪贴画

首先在"搜索文字"文本框中输入要搜索的剪贴画类型，然后选择搜索范围，最后单击"搜索"按钮，则搜索出来的符合条件的剪贴画就会自动并列在搜索结果列表区中。

单击需要插入的剪贴画，即可将剪贴画插入到幻灯片中。

5.3.4　插入艺术字

用户在编辑幻灯片的时候，往往使用具有多种特殊艺术效果的艺术字来美化演示文稿。

（1）单击"插入"功能区的"艺术字"按钮，弹出"艺术字库"，如图5-18所示。

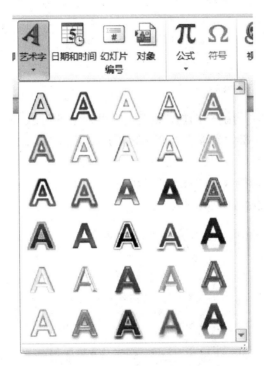

图5-18　艺术字库

（2）单击需要的艺术字样式即可完成艺术字的插入。

5.3.5　插入表格

用户应用表格能够更容易比较或分析一些相互联系的数据，PowerPoint 2010中的表格与 Word 2010 的处理方法相似，只是在 Word 2010 中绘制斜线表头更方便一些。

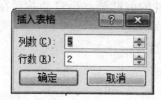

图 5-19 "插入表格"对话框

（1）选择"插入"功能区的"表格"命令，在弹出的"插入表格"对话框中输入表格所需的行数和列数，单击"确定"按钮，如图 5-19 所示。

（2）在"表格工具"功能区中可以设置表格的线性及大小、绘制斜线、填充颜色、合并和拆分单元格等，如图 5-20 所示。

图 5-20 表格工具

5.3.6 插入与编辑图表

创建演示文稿时，用户往往需要通过一些图表来比较和分析一些数据的关系，故图表的作用显得尤为重要，下面简要介绍了在 PowerPoint 2010 中图表的插入与编辑方法。

选择"插入"功能区的"图表"命令，打开如图 5-21 所示的"插入图表"对话框，从中可以选择需要的图表形式。

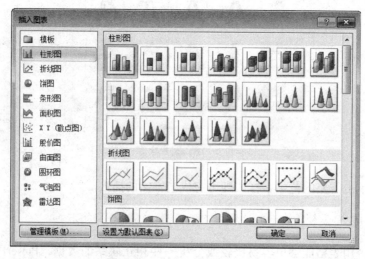

图 5-21 "插入图表"对话框

5.3.7　插入 SmartArt 图形

SmartArt 是用来表示组织结构关系的图表，包括列表、流程、循环、层次结构等，其与 PowerPoint 2003 中的组织结构图类似。

在"插入"功能区中单击"SmartArt"按钮，打开"选择 SmartArt 图形"对话框，如图 5-22 所示。

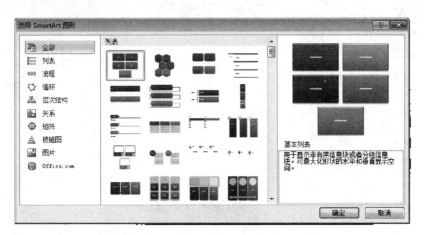

图 5-22　"选择 SmartArt 图形"对话框

5.3.8　插入媒体对象

PowerPoint 2010 有强大的处理音频和视频的能力，在创建演示文稿时，可以利用多媒体对象来添加各种声音和影片，来增加演示文稿的表现力和说服力。

1. 插入声音

用户在创建演示文稿时，既可以插入剪辑库里的声音，又可以插入其他的声音文件，甚至可以把录制的声音插入到幻灯片中去。为了适应不同的插入要求，用户仍可以对已经插入到幻灯片中的声音进行设置。

选择要添加声音的幻灯片，单击"插入"功能区中的"音频"按钮，弹出如图 5-23 所示的下拉菜单，可以选择"文件中的音频""剪贴画音频"或者"录制音频"等命令。

选择"剪贴画音频"后，会出现如图 5-24 所示的对话框，从中选择一个音频文件即可插入。

图 5-23　插入音频

如果用户希望在插入声音之前试听声音，可以在"剪贴画"任务窗格中单击音频文件右边的下三角形符号，选择"预览/属性"命令，打开"预览/属性"对话框，如图5-25所示。在"预览/属性"对话框中可以对音频文件的属性进行查看及试听音频文件。

图5-24　剪贴画音频

图5-25　"预览/属性"对话框

选择"插入"→"音频"→"录制声音"命令，会出现如图5-26所示的"录音"对话框。在名称文本框中输入文件名，单击录音按钮即可开始录音，单击停止按钮结束录音，单击播放按钮试听录音效果。最后单击"确定"按钮，即可将录制的声音插入到幻灯片中。

图5-26　录音

2. 插入视频

在PowerPoint 2010中，用户可以方便地在幻灯片中插入影片或影片剪辑（不但可以将剪辑库中的影片插入到幻灯片中，而且还可以插入其他的视频文件中）。把影片插入到幻灯片后，用户仍可以对其进行编辑和预视，并能够改变影片大小。

（1）选择要添加影片的幻灯片，单击"插入"功能区的"视频"按钮，然后选择"剪贴画视频"选项，弹出"剪贴画"任务窗格，如图 5-27 所示，系统会列出剪辑库中存储的所有影片文件，双击所要添加的文件即可插入。

（2）成功添加了影片文件后，会在幻灯片上出现一个影片图标。

（3）来自外部文件的影片添加方法与从剪辑库管理器中插入影片方法的步骤相似，只要选择"视频"下拉菜单"文件中的视频"命令，系统将弹出"插入视频文件"对话框，然后指定影片文件所在的路径。但是如果影片文件的类型不符合PowerPoint 2010 允许插入的文件类型，则文件就不会显示在列表框中。

（4）改变影片大小。

在幻灯片中可以更改影片的大小。其具体操作方法与改变图片大小相同。

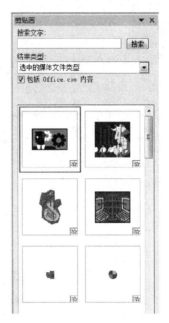

图 5-27　剪贴画视频

5.4　动画及超链接技术

5.4.1　添加动画效果

1. 设置自定义动画

具体步骤如下：

（1）在需要设置动画效果幻灯片内，选择要设置动画的对象。

（2）切换到"动画"功能区，单击动画库右边的 按钮，打开常用动画库，如图 5-28 所示。

（3）在动画库中有"进入""强调""退出""动作路径"四种动画类型。鼠标停留在某一动作上时可以预览该动画效果，单击即可设定该动画效果。

（4）如果在常用动画库中没有想要的动画效果，则可以单击"更多进入效果"，打开"更改进入效果"，如图 5-29 所示，从中可以选择需要的动画效果。对于"强调""退出"和"动作路径"均可采用类似方法选用更多效果。

2. 播放效果控制

幻灯片中添加播放效果后，用户还可以对其进一步设置，例如播放一个效果

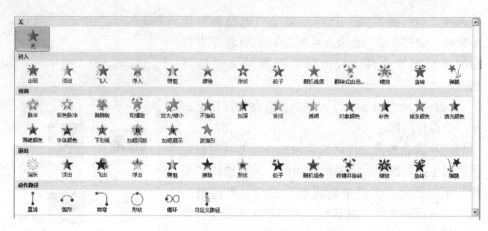

图 5-28 常用动画库

图 5-29 更改进入效果

的时候是否需要附带声音。下面介绍播放效果控制的具体操作步骤。

（1）打开演示文稿。

（2）对幻灯片中的内容分别增加进入、强调或退出等效果，同时在此基础上还可以添加动作路径效果。

（3）单击"动画"组右下角的"显示其他效果选项"按钮，打开如图5-30所示的对话框。

图5-30 "出现"的其他效果设置

（4）"效果"选项卡。用户可以根据需要设置动画文本的效果，其中包括三种设置："声音"设置、"动画播放后"设置和"动画文本"设置。

在"声音"下拉列表框中可以选择动画播放时是否附带声音，若带声音，则可选择声音类型，并单击小喇叭图标调节声音大小。

在"动画播放后"下拉列表框中设置动画播放完毕后发生的动作，其中包括四个选项，如图5-31所示。

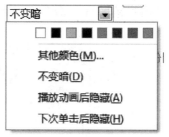

图5-31 "动画播放后"
效果设置

在"动画文本"下拉列表框中设置动画文本的显示方式，具体选项功能见表5-1。

表5-1 选项功能

"按字母"	整个动画文本将分割成单个字母来显示动画
"按字/词"	动画文本将分割成单个的词来显示动画
"整批发送"	同时动画显示所有文本

（5）"计时"选项卡。在列表中某一动作结束后和下一动作开始前添加延迟时间，可以使字母、字或段落动画之间产生延迟。具体步骤如下：单击"计时"

选项卡，在"开始"下拉列表框中选择"之前""之后"或"单击时"，并在"延迟"微调框中输入一个数值，如图 5-32 所示。

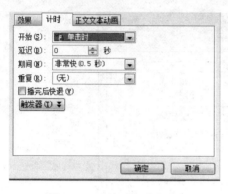

图 5-32 "计时"选项卡

在"速度"下拉列表框中用户可更改动画的速度或持续的时间。

在"重复"下拉列表框中用户可以设置动画是否循环播放。

选中"播完后快退"复选框，可控制动画播放后自动返回开头。

单击"触发器"按钮，选中弹出的"单击下列对象时启动效果"单选按钮，并在其下拉列表框中选择需要的选项，可将动画设置为单击文本或对象时播放。

（6）"正文文本动画"选项卡。如图 5-33 所示，选中"每隔"复选框，并在数值框中输入段落之间动画延迟启动的秒数，此时段落就可以在单击一次幻灯片后连续播放；取消选中"每隔"复选框，则段落在每次单击幻灯片之后播放；取消选中"每隔"复选框，并且在"组合文本"下拉列表框中选择"所有段落同时"命令，则所有段落同时显示。

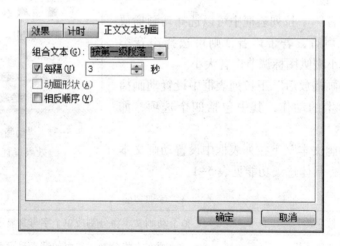

图 5-33 "正文文本动画"选项卡

（7）单击"确定"按钮完成设置。

3. 幻灯片切换设置

幻灯片的切换效果是指前后放映的两页幻灯片是以何种方式消失和出现的，通过对幻灯片切换效果的设置，可以增加幻灯片放映的生动性，更具有表现力。具体步骤如下：

（1）选中需要添加切换效果的幻灯片。

（2）打开"切换"功能区，如图 5-34 所示。

图 5-34 "切换"功能区

（3）在切换效果库中有数十种切换效果，如图 5-35 所示，每次选择一个选项，都可以预览幻灯片切换的效果，单击"全部应用"按钮，则此时这种幻灯片切换效果将会应用于所有选定的幻灯片。

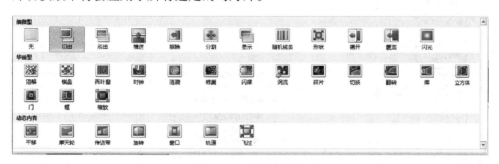

图 5-35 切换效果库

（4）在"切换"功能区中，还可以设置切换速度及声音的应用范围。若是设置切换声音，则还可以设置到下一个声音开始时循环播放该声音。

（5）在"换片方式"栏中设置切换幻灯片的方式，选中"单击鼠标时"复选框，则单击时，演示文稿将切换到下一张幻灯片；选中"每隔"复选框，则可以实现每隔一段时间后自动切换。

此外还可以通过按【PgDn】、【PgUp】、空格键或方向键，以及通过右击，在弹出的快捷菜单中选择"下一张""上一张"命令来实现幻灯片切换。

（6）单击"幻灯片放映"按钮，预览幻灯片播放的效果。

5.4.2 超链接技术

在演示文稿中添加超级链接可以快速跳转到不同的位置，例如跳转另一张幻灯片、其他演示文稿、Word 文档、Internet 地址等。

1. 插入动作按钮

PowerPoint 2010 中带有一些已制作好的动作按钮，可以通过这些动作按钮来创建超链接。

（1）打开需要添加动作按钮的幻灯片，在"插入"功能区中单击"形状"按钮，弹出如图 5-36 所示的下拉菜单，在菜单的最底部有 12 个动作按钮，用户可以选择自己需要的按钮。

（2）单击一个按钮后，将鼠标移动到幻灯片窗口中，当鼠标指针变为"十"字形状时，按住左键拖动鼠标，当松开左键时，一个按钮绘制完毕，与此同时还会弹出一个"动作设置"对话框，如图 5-37 所示。

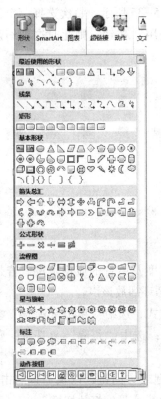

图 5-36 动作按钮

图 5-37 "动作设置"对话框

（3）在"动作设置"对话框中超链接的激发方式可以分为"单击鼠标"或者"鼠标移过"，在"超链接到"复选框中可以选择链接到最后一张、上一张、下一张幻灯片等。在"运行程序"复选框中可以插入一个程序。

2. 插入超链接

超链接的插入可以使幻灯片更加形象生动，例如我们在介绍一个歌手的时候，如果想要在幻灯片中插入她的歌曲，该怎么办呢？具体步骤如下：

（1）选择要插入超链接的幻灯片，将光标置于要插入的位置。

（2）选择"插入"→"超链接"，此时会弹出一个"插入超链接"对话框，如图 5-38 所示。

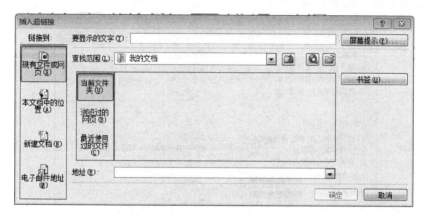

图 5-38　"插入超链接"对话框

（3）在"查找范围"中找到并单击需要插入的对象，或者在地址栏中输入要链接的文件名或网页上的 URL 地址，最后在"要显示的文字"中输入链接名称。例如"Sleep Away.mp3"，插入完毕后链接名称将会显示一条下划线。

注意：在添加文件地址的时候，最好设置为"\ 文件名"，这样可以避免在其他计算机内找不到该链接。

（4）单击"确定"按钮，完成插入超链接。

单击"超链接名称"，此时会弹出一个超链接，如图 5-39 所示。

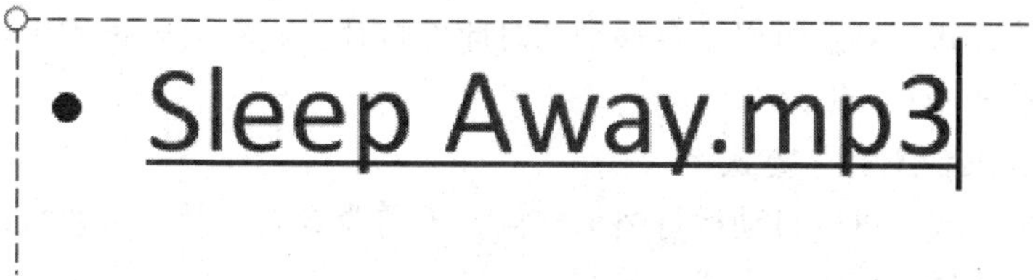

• Sleep Away.mp3

图 5-39　超链接

5.5 放映和打印演示文稿

5.5.1 幻灯片放映设置

单击"幻灯片放映"功能区的"设置幻灯片放映"按钮，弹出"设置放映方式"对话框，如图 5-40 所示。

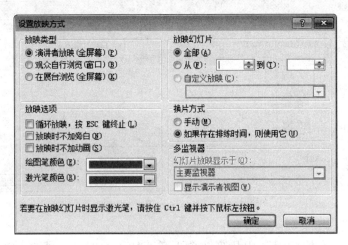

图 5-40 "设置放映方式"对话框

1. 放映类型设置

在幻灯片放映类型栏中有三种放映类型，分别为"演讲者放映"方式、"观众自行浏览"方式和"在展台浏览"方式。

1）"演讲者放映"方式

选择这种方式，可以运行全屏幕显示的演示文稿，演讲者还可以采用人工换片的方式来决定放映速度和换片时间。

2）"观众自行浏览"方式

选择该方式，观众可以亲自移动和打印幻灯片，且在放映过程中还可以浏览其他的演示文稿和 Office 文档。

3）"在展台浏览"方式

选择该方式，可以自动运行演示文稿，不需要专人控制。一般适用于展台循环浏览，常选择排练计时方式。

2. 启动幻灯片放映

（1）选择"幻灯片放映"功能区的"从头开始"或"从当前幻灯片开始"命令，可从头开始或从当前幻灯片开始放映。

（2）单击窗口右下角的"幻灯片放映"按钮 。

（3）按【F5】键。

在放映幻灯片时，PowerPoint 2010将自动切换到全屏状态，此时可以使用键盘和鼠标对放映流程进行控制。

① 显示下一张幻灯片：单击鼠标左键或按下空格键、【N】键、右箭头、【Enter】键、【PgDn】键。

② 返回上一上幻灯片：按下【Backspace】键、【P】键、左箭头、上箭头或【PgUp】键。

③ 切换到指定幻灯片页面：输入目标页面的编号，然后按下【Enter】键。

④ 显示或隐藏鼠标指针：按下【A】键或【=】键。

⑤ 停止或重新启动自动放映：按下【S】键或【+】键。

⑥ 返回到第一张幻灯片页面：同时按下鼠标左、右键两秒。

⑦ 结束幻灯片放映：按下【Esc】键、【Ctrl】+【Break】组合键。

此外，还可以通过页面左下角的按钮对幻灯片的放映过程进行控制。

5.5.2　演示文稿的打印

1. 幻灯片的页面设置

页面设置操作步骤如下：

（1）选择"设计"功能区的"页面设置"命令，此时会弹出"页面设置"对话框，如图5-41所示。

图5-41　"页面设置"对话框

（2）单击幻灯片大小下拉列表框旁边的下三角按钮，可从下拉菜单中选择不同的纸样，如 B5、A3、A4 等（默认为"A4"纸），在该对话框中还可以设置幻灯片大小、幻灯片放置方向、备注、讲义和大纲放置方向等。

2. 打印幻灯片

选择"文件"菜单中的"打印"命令，弹出"打印"页面。各自的选项区所对应的功能见表 5-2。

表 5-2　选项区对应功能

选项区	功　　能
打印机	选择打印机
打印范围	设置打印全部、当前幻灯片或手动输入要打印的幻灯片编号或幻灯片范围
打印内容	设置打印幻灯片、讲义、备注页或大纲视图
颜分灰度	设置打印文稿的颜色，如颜色、灰度或纯黑白
份数	设置打印的份数

思考与练习

1. 填空题

（1）当启动 PowerPoint 2010 后，在 PowerPoint 2010 对话框中列出了_____、_____和_____三种用 PowerPoint 2010 创建新演示文稿的方法。

（2）在 PowerPoint 2010 中，可以对幻灯片进行移动、删除、复制、设置动画效果，但不能对单独幻灯片的内容进行编辑的视图是_____。

（3）在 PowerPoint 2010 中，为对幻灯片设置动画效果，可单击_____下拉菜单中的_____命令。

（4）如要在幻灯片浏览视图中选定若干张幻灯片，则应先按住_____键，再分别单击各幻灯片。

（5）在_____和_____视图下可以改变幻灯片的顺序。

2. 单项选择题

（1）关于 PowerPoint 2010，下面正确的是（　　）。

　　A. 数据库管理系统　　　　　　　B. 电子数据表格软件

　　C. 文字处理软件　　　　　　　　D. 幻灯片制作软件

（2）PowerPoint 2010 不支持的放映类型是（　　）。

    A. 自动连续放映　　　　　　　　B. 演讲者放映

    C. 观众自行浏览　　　　　　　　D. 站台放映

（3）给 PowerPoint 2010 幻灯片中添加图片，可以通过（　　）来实现。

    A. 插入/图片/剪贴画　　　　　　B. 插入/图片/来自文件

    C. 使用剪贴板将图片粘贴到幻灯片中D. 以上均可

3. 简答题

（1）简述在幻灯片中插入超链接的步骤。

（2）如何创建 SmartArt 图形？

第6章 计算机网络技术

【知识目标】

(1) 了解计算机网络的产生与发展。

(2) 熟悉 Internet Explorer 的使用与设置。

(3) 了解计算机网络组成。

(4) 熟练掌握浏览器的使用。

【结构框图】

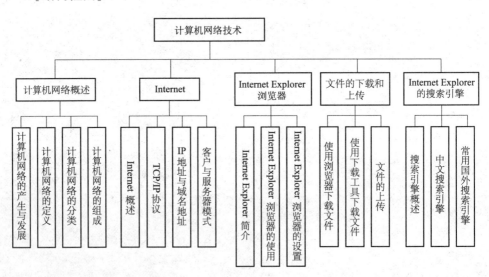

【学习重点】

(1) IP 地址与域名地址。

(2) 计算机网络的分类。

【学习难点】

(1) 熟悉 IP 地址分类。

(2) 熟悉计算机网络的分类。

6.1　计算机网络概述

自 20 世纪 60 年代计算机网络问世以来，其已经渗入到人们工作、学习和生活的各个方面。在家中，人们可以通过 Modem、ISDN 一线通、ADSL 调制解调器以电话线方式或通过网卡以 LAN 方式连接到 Internet 中，享受 Internet 所提供的便捷服务，如浏览网页、FTP 文件下载或上传、浏览 BBS 公告板、网上聊天、发送或接收电子邮件、玩网络游戏等。现代社会，网络与网络应用无处不在，人们必须了解和掌握计算机网络基础知识。

6.1.1　计算机网络的产生与发展

计算机网络的发展几乎与计算机的发展同时起步。1946 年诞生了世界上第一台电子计算机 ENIAC，开创了迈进信息社会的新纪元。1952 年，美国利用计算机技术建立了半自动化的地面防空系统（SAGE System），它将雷达信息和其他信号经远程通信线路送至计算机进行处理，第一次利用计算机网络实现远程集中控制，可以看作是计算机技术与通信技术的首次结合，这便是计算机网络的雏形。1969 年，美国国防部的高级研究计划局（DARPA）建立了世界上第一个分组交换网——ARPANET，ARPANET 的诞生是计算机网络发展过程的一个里程碑。1972 年，在首届国际计算机通信会议（ICCC）上首次公开展示了 ARPANET 的远程分组交换技术。1976 年，美国 Xerox 公司开发了基于载波监听多路访问/冲突检测（CSMA/CD）原理，用同轴电缆连接多台计算机的局域网，取名以太网。

计算机网络出现的历史不长，但发展的速度却很惊人。计算机网络也经历了从简单到复杂、从单机到多机的发展过程。

6.1.2　计算机网络的定义

对于计算机网络，多年来一直没有一个严格的定义，并且随着计算机技术和通信技术的发展而具有不同的内涵。目前，一些较为权威的人士认为：将地理位置不同，具有独立功能的多个计算机系统通过通信设备和线路连接起来，以功能完善的网络软件（即网络的通信协议、信息交换方式及网络操作系统等）实现网络中资源共享的系统，称为计算机网络。

一个计算机网络必须具备以下 3 个基本要素。

（1）至少有两个具有独立操作系统的计算机，且它们之间有共享某种资源的需求。

（2）两个独立的计算机之间必须通过某种通信手段连接。

（3）网络中各个独立的计算机之间要能相互通信，必须制定各方认可的规范标准或协议。

以上3条是组成一个网络的必要条件，三者缺一不可。

总之，计算机网络是由计算机系统、数据通信系统和网络系统软件组成的一个有机整体。

6.1.3 计算机网络的分类

1. 按照计算机网络的规模大小和延伸距离远近分类

1）局域网（LAN）

局域网络是一种在小区域内使用的由多个计算机组成的网络。主要特征有：

（1）覆盖的地理范围较小，通常为一个单位所拥有。

（2）数据传送速率较高（$1 \sim 100$ Mb/s）。

（3）传送误码率较低（一般为 $10^{-11} \sim 10^{-8}$）。

（4）网络结构比较规范（有星形、总线形和环形等几种连接方法）。

（5）具有较低的时延。

此类网络较多为单位所用，其结构示例如图6-1所示。

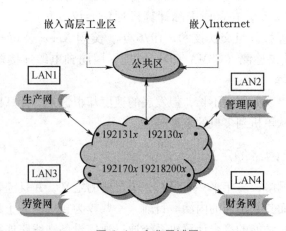

图6-1　企业局域网

2）城域网（MAN）

城域网基本上是一个大型的局域网，通常采用的是与局域网相近的技术。它可以覆盖一个临近的公司办公室和一个城市，地理范围可以从几十千米到上百千米。其示例如图6-2所示。

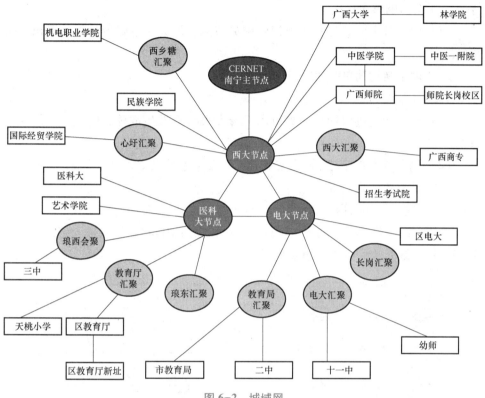

图 6-2　城域网

3）广域网（WAN）

广域网是一种跨越大的地理范围的网络，又称远程网。互联网可以视为世界上最大的广域网。其示例如图6-3所示。

2. 按网络拓扑结构划分

计算机网络的物理连接方式叫作网络的拓扑结构。按照网络的拓扑结构，计算机网络可分为以下3类。

1）星形拓扑结构

星形结构是以一个节点为中心的处理系统，各种类型的入网机器均与该中心节点以物理链路直接相连，如图6-4所示。

其优点为：

（1）由于中央有一集中点，因此容易排除故障。

（2）由于每个节点都与中央节点直接相连，故单个连接的故障只影响一个

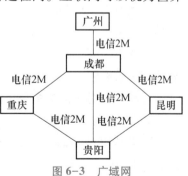

图 6-3　广域网

节点，不会影响整个网络。

（3）由于每个节点都直接连接到中央节点，因此，故障容易被检测出并被排除。

（4）网络结构简单，建网容易。

其缺点为：

（1）整个网络过分依赖中央节点，若中央节点发生故障，则整个网络无法工作。

（2）每个节点直接与中央节点相连，需要大量的电缆，费用太高。

（3）扩充新节点困难。

2）总线形拓扑结构

总线形结构是将所有的入网计算机通过相应的硬件接口直接接入到一条通信线路（即总线）上，如图6-5所示。

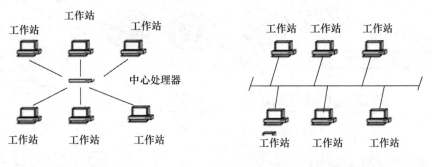

图6-4　星形拓扑　　　　　　　图6-5　总线形拓扑

其优点为信道利用率较高，结构简单，价格相对便宜，新节点增加简单，易于扩充。

其缺点为同一时刻只能有两个网络节点相互通信，网络延伸距离有限，网络容纳节点数有限。

目前，在局域网中多采用此结构。

3）环形拓扑结构

环形结构是指将各台联网的计算机用通信线路连接成一个闭合的环，如图6-6所示。

其优点为一次通信信息在网络中最大传输延迟是固定的，每个网络节点只与其他两个节点以物理链路直接相连。因此传输控制机制简单，实时性强。

其缺点为一个节点出现故障可能会终止整个网络运行，因此可靠性较差。

4）树形拓扑结构

树形结构实际上是星形结构的变形，它将原来用单独链路直接连接的节点通过多级处理主机进行分级连接，网络中的各节点按层次进行连接，如图 6-7 所示。

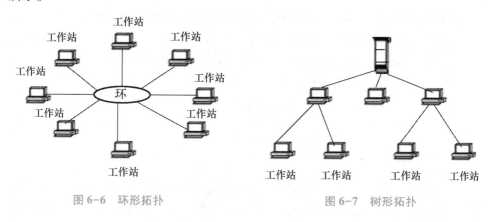

图 6-6　环形拓扑　　　　　　　图 6-7　树形拓扑

其优点为降低了通信线路成本。

其缺点为网络中除最低层节点及其连线外，任一节点或连线的故障均影响其所在支路网络的正常工作。

各种网络拓扑结构各有优缺点，在实际建网过程中，到底应该选用哪一种网络拓扑结构要依据情况而定。

3. 按数据传输方式分类

根据数据传输方式的不同，计算机网络又可以分为"广播网络"和"点对点网络"两大类。

（1）广播网络。广播网络中的计算机或设备使用一个共享的通信介质进行数据传播，网络中的所有节点都能收到任何节点发出的数据信息。发送的包带有接收计算机的地址（通常称为目的地址），所有接收到该包的计算机将检查目的地址是否与本机地址相同，如相同，则接收该包，否则丢弃。

（2）点对点网络。点对点网络中的计算机或设备以点对点的方式进行数据传输，两个节点间可能有多条单独的链路。这种传播方式主要应用于广域网中。

4. 按使用网络的对象分类

按使用网络的对象不同可分为专用网和公用网。专用网一般由某个单位或部门组建，使用权限为单位或部门内部所有，不允许外单位或部门使用，如银行系统的网络。而公用网由电信部门组建，网络内的传输和交换设备可提供给任何部门和单位使用，如 Internet。

另外，还可按网络组件的关系及通信传输介质等来划分网络。

6.1.4 计算机网络的组成

从资源构成的角度讲，计算机网络是由硬件和软件组成的。常用的硬件有计算机、网络接口卡、通信介质及各种网络互联设备等。网络软件包括网络操作系统、网络协议软件、网络管理软件、网络通信软件和网络应用软件等。

6.2 Internet

6.2.1 Internet 概述

Internet（互联网）是一个全球性的计算机互联网络，从形成到今天不过十来年，但是它已经渗透到人们的日常生活、工作、学习和娱乐当中。据保守估计，目前世界上已有170多个国家和地区接入了 Internet，网上的用户数已经突破5 000万个。Internet 源于美国，它的前身是只连接了 4 台主机的 ARPANET。最初的 ARPANET 鲜为人知，默默无闻，它于 1969 年由美国国防部高级研究计划局（ARPA）作为军用实验网络而建立，1973 年正式运行。

1983 年，ARPA 和美国国防部通讯局研制成功了用户异构网络的 TCP/IP 协议，美国加利福尼亚大学伯克利（Berkeley）分校把该协议作为其 BSD Unix 的一部分，使得该协议得以在社会上流行起来，从而诞生了真正的 Internet。

1986 年，美国国家科学基金会（NSF）利用 TCP/IP 通信协议，在 5 个科研教育服务超级电脑中心的基础上建立了 NSFnet 广域网，以便全美国实现资源共享。由于美国国家科学基金会的鼓励和资助，很多大学、政府资助的研究机构甚至私营的研究机构纷纷把自己的局域网并入 NSFnet 中。如今，NSFnet 已成为Internet的重要骨干网之一。

1989 年，由 CERN 开发成功的 WWW（World Wide Web，万维网），为Internet实现广域超媒体信息截取/检索奠定了基础。从此，Internet 开始进入迅速发展时期。

进入 20 世纪 90 年代，Internet 事实上已成为一个"网中网"——各子网分别负责自己的建设和运行费用，而这些子网又通过 NSFnet 互联起来。到 1991年，Internet 网正式实现商业入网，世界各地无数的企业和个人纷纷涌入 Internet，带来了 Internet 发展史上一个新的飞跃。

1993 年，美国国家超级计算机应用中心（NCSA）发表的 Mosaic 以其独特的图形用户界面（GUI）赢得了人们的喜爱，紧随其后的 Netscape 的发表以及 WWW 服务器的增长，掀起了 Internet 应用的新高潮。现在，Internet 已经形成了一个覆盖全球的巨大网络，它把世界各地更加紧密地连接在一起，Internet 已使地球变得更小，地球上人们之间的相互交流变得越来越容易。可以毫不夸张地说，Internet 时代已经到来。

6.2.2　TCP/IP 协议

Internet 使用的网络协议是 TCP/IP 协议，TCP/IP 不是单个协议，而是与其他协议相关的协议簇。TCP（Transmission Control Protocol）为传输控制协议，IP（Internet Protocol）为互联网协议。计算机要能连接 Internet，必须装有并能运行 TCP/IP 协议。

计算机采用层次体系结构，TCP/IP 协议把 Internet 网络系统分为以下 4 层。

1. 数据链路层

数据链路层提供 TCP/IP 与各种局域网和广域网的接口，还为网络层提供相应服务。

2. 网络层

提供源站点和目的站点间的信息传输服务，解决计算机与计算机间的通信问题，网络层通信协议统一为 IP 协议。

3. 传输层

传输层常用的协议为 TCP 和 UDP（用户数据协议），传输层提供了可靠和安全的方法，弥补了 IP 协议的缺陷。其功能主要是提供网络上各应用程序间的通信服务，确保数据的可靠运输。

4. 应用层

为用户提供访问网络环境的手段，提供网络计算机的各种应用程序，如文件传输协议（FTP）、远程登录（Telnet）、超文本传输协议（HTTP）和 Gopher 等。

6.2.3　IP 地址与域名地址

在 Internet 上，所有主机有唯一的地址是进行信息交换的基本条件。Internet 地址有两种形式，即 IP 地址和域名地址。IP 地址用于计算机访问，域名地址供用户之间互相查询，二者可由计算机自动转换。

1. IP 地址

Internet 上每台主机独占的地址称为 IP 地址。IP 地址是唯一的，是一个 32

位的二进制数，但阅读二进制数很不方便，为了便于表达和识别，就以十进制表示。Internet 定义了一种 IP 地址的标准写法，该写法规定：32 位 IP 地址分成 4 组，每组 8 位（1 个字节），组与组之间用圆点进行分隔，每组所能表示的十进制数为 0~255。

IP 地址由网络号和主机号两部分组成，IP 地址根据网络号和主机号的数量不同分为 3 类，如表 6-1 所示。

表 6-1　IP 地址分类

类别	第一字节 取值范围	网络地址长度 /字节	最大网络数 /个	最大主机台数 /台	适用的 网络规模
A 类	0~127	1	128	16 777 216	大型
B 类	128~191	2	16 384	65 536	中型
C 类	192~223	3	2 097 152	256	小型

（1）A 类 IP 地址：用 7 位标识网络号，用 24 位标识主机号，最前面一位为 0，其地址范围为：0.0.0.0 ~ 127.255.255.255。每个 A 类地址最多可连接 16 777 214 台主机，A 类地址通常供有大量主机的大型网络使用。

（2）B 类 IP 地址：用 14 位标识网络号，用 16 位标识主机号，前面两位是 10，其地址范围为：128.0.0.0~191.255.255.255。每个 B 类地址最多可连接 65 534 台主机，B 类地址适用于有一定数量主机的中等规模网络。

（3）C 类 IP 地址：用 21 位标识网络号，用 8 位标识主机号，前面两位是 110，其地址范围为：192.0.0.0~223.255.255.255。每个 C 类地址最多可连接 254 台主机，C 类地址适用于有少量主机的小型网络，如校园网。

目前，负责管理互联网和分配 IP 地址的主要国际机构及职责如下。

（1）国际网络信息中心 NIC 负责分配 A 类 IP 地址，授权分配 B 类 IP 地址的组织有权刷新 IP 地址。

（2）分配 B 类 IP 地址的国际组织有 InterNIC、APNIC 和 ENIC。其中，ENIC 负责欧洲地区的分配工作，InterNIC 负责北美地区，APNIC 负责亚太地区。

2. 域名地址

在 Internet 上，由于 IP 地址为数字形式，故人们记忆起来十分困难，Internet 规定用域名地址来表示每台主机，以方便使用。域名地址是分级表示的，各级之间用圆点分隔，每一级分别授权给不同的机构管理，如 tsinghua.edu.cn，tsinghua 为清华大学，edu 代表教育网，cn 代表中国。

在国际上，域名一般都是 3 个字母或 2 个字母的代码，每个国家和地区具有固定的区域名，2个字母一般代表国家或地区，如表6-2所示。

3个字母的代码一般来自或源于美国。例如，edu 是教育机构域名，gov 是政府机构域名，com 是商业机构域名，net 是网络机构域名……

表6-2 一些国家或地区名称及代码

区域名	国家或地区名	区域名	国家或地区名
au	澳大利亚	cn	中国
de	德国	fr	法国
it	意大利	jp	日本
uk	英国	us	美国
hk	中国香港	tw	中国台湾

6.2.4 客户和服务器模式

Internet 提供了多种类型的信息服务，可分为基本服务和扩充服务，基本服务有电子邮件（E-mail）、远程登录（Telnet）和文件传输（FTP）；扩充服务有基于电子邮件的电子公告板、电子杂志和万维网（WWW）服务等。虽然各种服务在功能和使用方式上存在差异，但都遵循客户和服务器模式。

6.3 Internet Explorer 浏览器

6.3.1 Internet Explorer 浏览器简介

Internet Explorer 浏览器概述。

Internet Explorer 浏览器简称为 IE 浏览器，是微软各版本 Windows 操作系统的一个组成部分，IE 是微软公司在 NCSA（美国国家超级计算中心）的 Mosaic 基础上进一步开发完成的。微软发布的 Windows 操作系统均附带有 IE 浏览器，从 1995 年 IE1.0 首次发布直至 IE11（正式版）于 2013 年 11 月 7 日正式发布，IE 浏览器已有 19 年的历史。以下我们以最新版本 Internet Explorer 11 进行讨论。新版本目前支持中文、英文等 25 种语言，中国所有授权与非授权的微软 Windows 7 及以上版本的操作系统用户均可免费使用。

下面具体介绍一下 IE11 的新特性。

1）简洁的界面

微软自 IE9 开始就采用了地址栏与标题栏在同一行的界面设计，新型、简化版的导航栏仅具有一个菜单，将 IE8 中原有的 6 个菜单加以整合，使界面更加简洁。如图 6-8 所示。

图 6-8　IE11 界面

2）速度全面提升

浏览器性能对于运行当今的现代网站和应用程序来说至关重要，在 Windows 7 的 IE11 中引入了改进的硬件加速功能和 Chakra JavaScript 引擎。

3）更多的可互操作 HTML5 支持

IE11 为 Windows 用户提供了强大的 HTML5 引擎：

丰富的可视化效果：CSS 文本阴影、CSS 3D 变换、CSS3 过渡和动画、CSS3 渐变、SVG 滤镜效果。

复杂的页面布局：CSS3 用于公布质量页面布局和响应应用程序 UI（CSS3 网格、Flexbox、多栏、定位浮点、区域和断字）、HTML5 表单、输入控件和验证。

增强的 Web 编程模型：利用 IndexedDB 和 HTML5 应用程序缓存，通过本地存储来更好地离线应用程序；Web Sockets、HTML5 History、Async scripts、HTML5 File API、HTML5 Drag‐drop、HTML5 Sandboxing、Web workers 和 ES5 Strict 模式支持。

4）更好的隐私保护

通过默认情况下的"不跟踪"功能实现隐私保护承诺。Microsoft 的客户已经明确他们希望更好地控制如何在线使用他们的个人信息。尽管"不跟踪"功能是一种处于形成阶段的技术解决方案，但它却展现了为用户提供更佳选择以及在他们浏览 Web 时更好地控制其隐私的美好前景。

6.3.2　Internet Explorer 浏览器的使用

1. 启动 Internet Explorer 浏览器

启动 IE 浏览器有 3 种常用的方法：

（1）单击"开始"按钮，选择"所有程序"，单击"Internet Explorer"。

（2）在桌面上双击"Internet Explorer"图标。

（3）单击任务栏快速启动图标。

2. IE11 的窗口组成

IE11 的窗口组成如图 6-9 所示，从左至右为后退按钮、前进按钮、地址栏、搜索按钮、刷新按钮、标题栏、新建标签页、主页、收藏、设置。

图 6-9 IE11 窗口

3. 统一资源定位器 URL

统一资源定位器 URL（Uniform Resource Locator）是 Internet 上某一信息或目标地址的说明。指定 URL 地址的一般格式为：

协议：//计算机［：端口］/路径/文件名

其中，"协议"是用于文件传输的 Internet 协议，包括 http（超文本传输协议）、ftp（文件传输协议）、telnet（远程登录）、mailto（电子邮件地址）等。

在地址中输入 URL，连接后，IE 将根据地址访问指定的服务器。服务器的第一个页面称为主页，其他页面称为一般的 Web 页面。一个页面可由一个或多个窗口组成。

4. 保存 Web 页面

在使用 IE 过程中，可以将当前 Web 页中的内容整个或部分地进行保存。保存 Web 页中信息的方法如下：

1）保存页面

选择"设置"→"文件"菜单下的"另存为"，在弹出的保存窗口中选择要保存 Web 页的文件夹，在"文件名"框中命名后，单击"保存"按钮。

2）保存当前页面上的文本

选择要复制的内容，单击鼠标右键，选择"复制"命令，再启动另一个应用程序如 Word 或记事本，选定好位置后，右击鼠标，选择"粘贴"命令。最后命名保存即可。

3）不打开网页或图片直接保存

用鼠标右键单击所需项目的链接，选择"目标另存为"或"图片另存为"命令，在"文件名"框中输入要保存的文件名，单击"保存"按钮即可。

5. 将网页添加到收藏夹

对于想保存或下次继续访问的网页，可以将网页添加到收藏夹。方法是：在"收藏夹"菜单中选择"添加到收藏夹"命令，出现如图 6-10 所示的"添加收藏"对话框，在"名称"框中输入网页名称，单击"添加"按钮，网页将保存在收藏夹中。

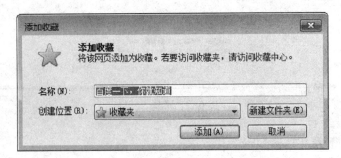

图 6-10 "添加收藏"对话框

6.3.3 Internet Explorer 浏览器的设置

为了符合用户的个人需要，通过 IE11 窗口"设置"菜单中的"Internet 选项"进行设置。该对话框共有 7 个标签，简单介绍如下：

1. 常规设置

选择"Internet 选项"对话框中的"常规"标签，可以设定启动 IE 时的主页，管理外观、Internet 的临时文件、历史记录等，如图 6-11 所示。

我们可以在"主页"输入自己经常访问的 Web 页 URL 地址，来指定启动 IE 时的起始主页，"使用当前页"是指将当前正在浏览的页面设为起始页；"使用默认页"是指将"http：//www. microsoft. com/windows/ie _ intl/cn/start"设置为起始页；如果每次打开 IE 所要访问的主页不固定，则最好选择"使用空白页"。"Internet 临时文件"框中的"删除文件"用于删除所有保存在本地的脱机浏览页面。"设置"用来设定使用所存网页时是否需要重新下载；设定保存网页用的临时文件夹硬盘空间的大小。"历史记录（history）"中包含的是已经访问过的网页的链接。

2. 安全设置

通过安全设置，可以防止信息的泄露，保证计算机的安全。"Internet 选项"的"安全"标签如图 6-12 所示。IE 将 Internet 划分为四种区域：Internet 区域、本地 Intranet（本地网）区域、可信站点区域和受限站点区域。用户可以根据需要为每一个区域设置高、中、中低、低四种不同的安全级别。

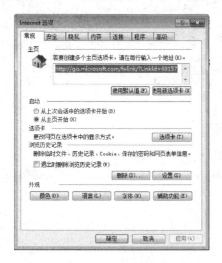

图 6-11 "常规"标签

图 6-12 "安全"标签

3. 隐私设置

在 IE11 中可以对用户浏览的隐私进行保护，"隐私"标签的设置项如图 6-13所示。

4. 内容设置

"Internet 选项"对话框的"内容"标签用于保证对某些 Internet 内容进行访问及设定证书的安全，如图 6-14 所示。

5. 连接设置

"Internet 选项"中的"连接"标签用于设置网络连接属性或建立新的连接。

6. 程序设置

"Internet 选项"中的"程序"标签用于设置 HTML 网页编辑器、电子邮件等 Internet 功能所用的程序。

7. 高级设置

"Internet 选项"中的"高级"标签用于设置许多直接影响 IE 性能的选项。

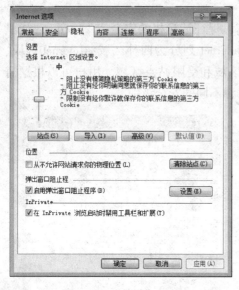

图 6-13 "隐私"标签

图 6-14 "内容"标签

6.4 文件的下载和上传

Internet 上有许多免费、共享的信息资料，而专门为此提供文件服务的计算机，简称为"FTP 文件服务器"。用户可以在 FTP 文件服务器的磁盘上下载（Download）所需的软件或文件。

下载文件的方法很多，主要分为两类，即使用浏览器下载文件和使用专门工具下载文件。

6.4.1 使用浏览器下载文件

浏览器有多种，最常使用的是 IE 浏览器。

1. 使用浏览器直接下载文件

网页上提供下载的文件有可执行文件（＊.exe）、音乐文件（＊.mp3）、视频文件（＊.mpg、＊.avi）及压缩包文件（＊.zip、＊.rar）等。

使用 IE 下载文件的操作步骤如下。

（1）启动 IE 浏览器。

（2）在 URL 地址栏中输入 FTP 服务器地址，登录到相应的 FTP 服务器，屏幕上会显示该服务器的总目录。

（3）在 FTP 服务器中找到要下载的文件，双击图标，IE 将弹出"下载"对话框。若是只打算简单浏览一下文件，则可选择"打开"文件；若想下载文件，则选择"保存到磁盘"，单击"确定"按钮后即进入保存界面。

（4）选择要保存的文件夹和文件名，单击"保存"按钮后开始下载文件。

2. 使用超链接下载文件

启动 IE 浏览器后，用鼠标右击要保存的超链接，此时会弹出一个快捷菜单，选择"目标另存为"选项，就会弹出"下载"对话框，选择要下载到的目录，输入文件名并选择文件类型，单击"保存"按钮。这样下载完后文件就会保存在计算机指定目录中。

6.4.2　使用下载工具下载文件

通过浏览器下载文件简单易用，但不支持断点续传，而专门的下载工具软件弥补了这一缺陷，它提供了一些高级功能，如断点续传和多线下载等，使用方便。常用的下载工具软件有 CuteFTP、Netants（网络蚂蚁）、NetVampire（网络吸血鬼）等。

6.4.3　文件的上传

许多 WWW 站点还允许用户上传自己的程序和文件，用户可以通过网页上提供的文件上传超链接来完成文件上传。

6.5　Internet 的搜索引擎

Internet 上的信息浩如烟海，拥有数以万计的站点和信息，如果仅依靠浏览搜索信息是非常费时的。同时还会有许多新的信息在不停地加入，这使得搜索工作变得更加困难。为了在 Internet 中快速有效地查找到所需要的信息，搜索引擎便应运而生。

6.5.1　搜索引擎概述

搜索引擎是 Internet 上的一个 WWW 服务器，它的主要任务是在 Internet 中主动搜索其他 WWW 服务器中的信息并对其自动索引，搜索内容存储在可供查询的大型数据库中。因为这些站点提供了全面的信息查询和良好的速度，就像发动机一样强劲有力，所以把这些站点称为搜索引擎。通过这些功能强大的搜索引擎站点，用户可以利用所提供的分类目录和查询功能找到所需的信息站点，较方便地得到查询的结果。

使用搜索引擎，用户只需知道自己要查找什么或要查找的信息属于哪一类，而不必记忆大量的 WWW 服务器的主机名及各服务器所存储的信息类别。当用户将自己要查找的关键字告诉搜索引擎后，搜索引擎会告诉用户该引擎所能搜索到包含该关键字的所有 URL，并提供通向该网站的链接，通过这些链接，用户便可以获取所需的信息。

用户在使用搜索引擎前，必须知道搜索引擎站点的主机名，通过该主机名可以访问到搜索引擎站点的主页。目前，国内用户使用的搜索引擎主要有两类，即英文搜索引擎和中文搜索引擎。虽然搜索引擎有很多，但使用方法基本相同，以下仅介绍几个常用的中英文搜索引擎。

6.5.2　中文搜索引擎

常用的搜索引擎有中文 Google、百度（Baidu）、搜狐、中国雅虎、网易、新浪等。下面简单介绍其中的两种。

1. Google（中文）（http：//www.google.com.hk/）

Google 公司的总部称作"Googleplex"，位于加利福尼亚山景城。Google 目前被公认为是全球规模最大的搜索引擎，它提供了简单易用的免费服务，用户可以在瞬间得到相关的搜索结果。Google 搜索引擎以它简单、干净的页面设计和最有关的搜寻结果赢得了 Internet 使用者的喜爱。其广告被以关键字的形式出售，以使它们只对感兴趣的最终使用者显现，而且为了使页面设计不变而且快速，广告是以文本的形式出现的。

2. 百度（Baidu）（http：//www.baidu.com/）

百度是全球最大的中文搜索引擎，创立于北京中关村，致力于向人们提供"简单，可依赖"的信息获取方式。百度搜索还结合其他网站，使用户进行百度搜索更加方便。同时，百度还提供 WAP 与 PDA 搜索服务，用户可以通过手机或掌上电脑等无线平台进行百度搜索。

6.5.3　常用国外搜索引擎

常用的国外搜索引擎包括 Yahoo、Infoseek、AltaVista、Lycos、Excite 等。下面主要介绍一下 Yahoo 和 Infoseek。

1. Yahoo（http：//yahoo.com，如图 6-15 所示）

Yahoo 服务包括搜索引擎、电邮、新闻等，是全球第一家提供互联网导航服务的网站，是目前常用的搜索引擎，其界面简洁且功能强大。Yahoo 以其优秀的分类目录功能而著称，其查询数据库基本上覆盖了 Internet 中的主要站点。在 Yahoo 主页末尾还提供了其他引擎的超级链接，以便于用查找在 Yahoo 中搜索不到的信息。

图 6-15　Yahoo 主页

2. Infoseek（http：//infoseek. go. com）

Infoseek 是一个高效的搜索引擎，适合用户的需求。其特点是方便查找，搜索精度高、范围广，支持使用中文关键词，具有很强的中文检索能力。Infoseek 的搜索结果按相关程度依次显示，每一个结果都显示其 HTML 文档的标题、摘要和大小。

Infoseek 支持分类目录查询，用户根据所需查找内容所属的类别在分类目录中查询、选择，便可以访问到包含要查找内容的站点。

使用 Infoseek 的按关键字搜索，通常会得到过多的搜索结果，用户可以通过 Infoseek 提供的各种方法细化搜索结果，如使用搜索符号、限定搜索范围等。

3. 其他常用的英文搜索引擎

（1）AltaVista：http：//www. altavista. com/

（2）Google：http：//www. google. com

（3）HotBot：http：//hotbot. lycos. com

（4）Lycos：http：//www. lycos. com

（5）Excite：http：//search. excite. com

思考与练习

1. 填空题

（1）通常按照计算机网络的规模大小和延伸距离远近，把计算机网络划分为_____、_____和_____。

（2）根据数据传输方式的不同，计算机网络又可以分为"_____"和"_____"两大类。

（3）C 类地址最多可连接_____台主机。

2. 单项选择题

（1）为网络提供共享资源并对这些资源进行管理的计算机称为_____。

    A. 网卡   B. 服务器   C. 工作站   D. 网桥

（2）互联网上的服务都基于一种协议，WWW 服务基于_____协议。

    A. POP3   B. SMTP   C. HTTP   D. TELNET

（3）Windows NT 是一种_____。

    A. 网络操作系统   B. 单用户、单任务操作系统

    C. 文字处理系统   D. 应用程序

（4）软件_____不是 WWW 浏览器。

    A. IE 5.0   B. C++   C. NetScape Navigator D. Mosaic

（5）局域网的拓扑结构分为_____、环形、总线形和树形等几种。

    A. 星形   B. 物理形   C. 链形   D. 关系形

3. 简答题

（1）计算机网络分为哪几种类型？试比较不同网络的特点。

（2）什么是网络协议？它在网络中的作用是什么？

第7章 信息安全与道德

【知识目标】

（1）掌握计算机病毒的定义和基本特征。

（2）了解计算机病毒的分类和发展。

（3）了解计算机病毒的威胁与防治。

（4）掌握网络黑客的防范。

（5）掌握网络安全技术。

（6）了解信息安全工具。

【结构框图】

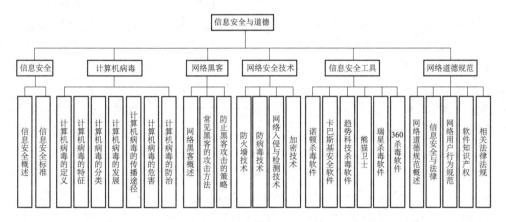

【学习重点】

（1）计算机病毒的概念、特征。

（2）计算机病毒的分类。

（3）网络安全技术。

【学习难点】

（1）计算机病毒的危害。

（2）计算机病毒的防治。

（3）防火墙技术。

7.1 信息安全

7.1.1 信息安全概述

1. 信息安全的概念

所谓信息安全，是指信息系统的安全。在《大英百科全书》中把"信息系统"解释为有目的、和谐地处理信息的主要工具。按此定义，对信息系统的理解有广义和狭义之分。广义的信息系统包括的范围很广，各种处理信息的系统都可称为信息系统，包括人本身；狭义的信息系统是指以计算机为载体进行信息采集、加工、存储并依赖于网络系统进行信息共享、传输和发布的系统。本章所论述的信息系统即限定在后一种定义的范畴。"安全"并没有统一的定义，其基本含义可以解释为客观上不存在威胁，主观上不存在恐惧。同样，"信息安全"也没有公认和统一的定义。一般而言，信息安全是指为确保以电磁信号为主要形式，在计算机网络化系统中进行自动通信、处理和利用的信息内容，在各个物理位置、逻辑区域、存储和传输介质中，处于动态和静态过程中的机密性、完整性、可用性、可审查性和抗抵赖性，与人、网络、环境有关的技术安全、结构安全和管理安全的总称。

概括地说，信息安全是指人类信息空间和资源的安全，这是一个多层次、多因素、多目标的体系。具体来讲，信息安全包括物理安全、数据安全、信息内容安全、信息基础设施安全与公共国家安全等方面。物理安全主要是指计算机安全，即计算机系统设备及相关设备受到保护，免于被破坏、丢失；面向数据的安全是传统意义上的信息安全，即信息的保密性、完整性和可用性，这也是计算机安全中逻辑安全的内容；面向使用者的安全则包含了鉴别、授权、访问控制、抗抵赖性，以及基于内容的个人隐私、知识产权等的保护。

2. 网络安全

计算机网络系统是由网络硬件、软件及网络系统中的共享数据组成的。显然，网络系统包含了计算机系统和信息数据。因此，网络安全从本质上讲是网络上的信息安全，是指网络系统的硬件、软件及其系统中的数据受到保护，不受偶然的或者恶意的原因而遭到破坏、更改、泄露，系统连续、可靠、正常地运行，网络服务不中断。

在网络化、数字化的信息时代，信息、计算机和网络已经是三位一体，成了不可分割的整体。如果能够保障并实现网络信息的安全，就可以保障计算机系统的安全和信息安全。因此，网络信息安全的内容也就包含了计算机系统安全和信息安全的内容。

为了便于描述，以下各节中所说的信息系统均指网络信息系统，而信息安全均指网络信息安全。

7.1.2 信息安全标准

针对信息安全存在的问题，各国政府、公司企业、高校、科研机构，乃至个人都投入了无数的财力、人力、物力，进行了大量研究探索和实践。

由于美国在信息技术领域中一直占据领先地位，因此，在信息安全标准的制定及测评认证方面也走在前面。1984 年，美国首次进行了安全产品的评估，开创了信息安全评估认证的先河。信息安全测评认证标准的发展经历了以下 3 个阶段。

第一阶段的代表作是美国国防部推出的《可信计算系统评估准则》（TCSEC）。

第二阶段的代表作是欧洲各国实施的《信息技术安全评估准则》（ITSEC）。

第三阶段是 20 世纪 90 年代末期，美、英、法、澳、加、德等国实施的《信息安全技术评估通用准则》（CC）。

目前，国际上最新通用的测评标准是 CC 标准。

我国信息安全测评活动始于 1997 年，目前依据的国家标准主要是 GB 17859—1999。

1. 信息安全的标准

美国国防部于 1985 年公布了《可信任计算机标准评估准则》（Trusted Computer System Evaluation Criteria，TCSEC）。TCSEC 以黄皮书形式发行，其中提出了"可信计算基础（Trusted Computing Base，TCB）"概念，对不同类型的物理安全、操作系统软件的可信度等进行了详尽地描述，并说明了如何创建不同系统的安全需求等。TCSEC 是世界上第一个信息安全评估标准。用现在的眼光看，它以单机为考虑对象，以加密为主要手段，而对网络系统和数据库的安全需求没有考虑。

TCSEC 开始时主要作为军方标准在使用，以后又延伸到民用。

TCSEC 将计算机系统的可信程度划分为 7 个安全级别，从低到高依次为 D1、C1、C2、B1、B2、B3 和 A1 级。

1）D 级——最低保护或未经分类级

D1 级是最低的安全级别，表示网络安全不可信。符合该安全级别的典型系统有：MS-DOS、Windows 95/98、Macintosh System 7. X 等操作系统。

2）C 级——可信网络安全级

C 级表示可信网络安全级，它又分为 C1 和 C2 两个子级。

（1）C1 级又称自主安全保护，是对硬件进行某种程度的保护，用户必须通过用户名和口令才能登录系统。在该级别下，通过为不同用户设置不同的操作权限来保证系统的安全。但系统管理员拥有特权，其操作不受任何限制，因此留下了安全隐患。例如，系统管理员操作失误、系统管理员账号被非法盗用等都会对系统安全构成威胁。达到 C1 级的常见操作系统有早期的 UNIX、XENIX、Novell 3. X 等。

（2）C2 级又称受控安全保护，是在 C1 级的基础上增加了审计跟踪、创建受控访问环境等功能，具有可根据许可权限和身份验证级别进一步限制用户执行特定操作的能力。达到 C2 级的操作系统有 Windows NT 及以上版本，UNIX、XENIX 及 NoVell 3. X 以上版本。

3）B 级——完全可信网络安全级

B 级代表完全可信网络安全级，它通过采取强制性访问控制机制来加强系统的安全性。B 级又分为 B1、B2 和 B3 三个子级。

（1）B1 级也称标记安全保护。它对网上的每一个对象都实施保护；支持多级安全，对网络、应用程序工作站实施不同的安全策略；对象必须在访问控制之下，即使是文件的拥有者也不允许改变其权限。B1 级计算机系统的主要拥有者是政府机构和防御承包商。符合 B1 级的操作系统有 Tru64 UNIX V5. Oa（COSIX64 V5. Oa）。

（2）B2 级又称结构化保护。它要求系统中所有对象都要加注标签，并给设备分配一个或多个安全级别。B2 级比 B1 级增加了对隐蔽通道控制的要求。

（3）B3 级又称安全域。它使用硬件来加强安全性，如安装内存管理硬件，以保护安全域免遭非法访问或防止对其他安全域对象的修改。B3 级比 B2 级增加了可信任恢复的要求，该级别要求终端通过可信任信道（如防火墙技术）连接到系统上。

（4）A1 级——验证设计级。A1 级是最高安全级别。它包含一个严格的设计、控制和验证过程。要求设计必须通过数学上的理论验证，而且必须对加密通道和可信任分布进行分析。至今为止，只有一种系统被认证为 A1 级，那就是 Honeywell SCOMP 系统，它适用于军队、政府和商业部门。

为适应全球 IT 市场及推动全球信息化发展的需要，国际标准化组织（ISO）从 1990 年开始着手制定通用国际标准评估准则。1996 年，在 TCSEC 和 ITSEC 的基础上，经美国、加拿大、英国、法国、德国和荷兰等国家的共同努力，公布了具有统一标准、能被广泛接受的信息技术安全通用准则 CC（Common Criteria）。

1999 年，ISO 正式将 CC2.0 接纳为国际标准 ISO 15408。CC 是目前最全面的信息技术安全评估准则。

2. 我国信息安全概况

我国于 1999 年正式颁布，并于 2001 年 1 月 1 日起实施的《计算机信息系统安全保护等级划分准则》GB 17895—1999，将信息系统安全分为 5 个等级：自主保护、系统审计保护、安全标记保护、结构化保护和访问验证保护。其主要的安全考核指标有身份认证，自主访问控制，数据完整性、审计、隐蔽信道分析，客体重用，强制访问控制，安全标记，可信路径和可信恢复等，这些指标涵盖了不同级别的安全要求。

另外，我国还制定并颁布了相关的技术标准和法律性文件。

如今，我国已接受了 ISO 在 1989 年 12 月颁布的 ISO 7498—2 标准，在我国被命名为 GB/T 9387.2，并确立了国家信息安全测评认证体系，即 CC 评估认证体系。

7.2　计算机病毒

随着计算机技术和网络技术的飞速发展和广泛应用，计算机病毒也随之出现。如今，计算机病毒已在全球泛滥，严重威胁着计算机信息系统的安全。因此，如何适时有效地检测与防治计算机病毒已成为人们普遍关注的重要课题。

7.2.1　计算机病毒的定义

计算机病毒（Computer Virus）在《中华人民共和国计算机信息系统安全保护条例》中被明确定义为："编制或者在计算机程序中插入的破坏计算机功能或者破坏数据，影响计算机使用并且能够自我复制的一组计算机指令或者程序代码。"而在一般教科书及通用资料中被定义为：利用计算机软件与硬件的缺陷，由被感染机内部发出的破坏计算机数据并影响计算机正常工作的一组指令集或程序代码。计算机病毒最早出现在 20 世纪 70 年代 David Gerrold 的科幻小说 When H. A. R. L. I. E. was One。其最早科学的定义出现在 1983 年 Fred Cohen（南加大）的博士论文《计算机病毒实验》中，即 "一种能把自己（或经演变）注入其他程序的计算机程序"。启动区病毒、宏（Macro）病毒、脚本（Script）病毒的概念、传播机制与生物病毒类似，生物病毒是把自己注入细胞之中。例如，前些年的 "熊猫烧香病毒" 便是一个典型的示例，如图 7-1 所示。

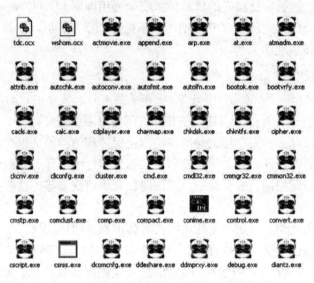

图 7-1　熊猫烧香病毒

7.2.2　计算机病毒的特征

计算机病毒具有以下几个特点。

1. 寄生性

计算机病毒寄生在其他程序之中，当执行这个程序时，病毒就起破坏作用，而在未启动这个程序之前，它不易被人发觉。

2. 传染性

计算机病毒不但本身具有破坏性，且具有传染性，一旦病毒被复制或产生变种，其传播速度之快令人难以预防。传染性是病毒的基本特征。在生物界，病毒通过传染，从一个生物体扩散到另一个生物体，在适当的条件下，它可得到大量繁殖，并使被感染的生物体表现出病症甚至死亡。同样，计算机病毒也会通过各种渠道从已被感染的计算机扩散到未被感染的计算机，在某些情况下造成被感染的计算机工作失常甚至瘫痪。与生物病毒不同的是，计算机病毒是一段人为编制的计算机程序代码，这段程序代码一旦进入计算机并得以执行，就会搜寻其他符合其传染条件的程序或存储介质，确定目标后再将自身代码插入其中，达到自我繁殖的目的。只要一台计算机染毒，如不及时处理，那么病毒会在这台机子上迅速扩散，其中的大量文件（一般是可执行文件）会被感染，而被感染的文件又成了新的传染源，再与其他机器进行数据交换或通过网络接触，继续传播病毒。

正常的计算机程序一般不会将自身的代码强行连接到其他程序之上，而病毒却能使自身的代码强行传染到一切符合其传染条件的未受到传染的程序之上。计算机病毒可通过各种可能的渠道，如软盘、计算机网络去传染其他的计算机。当您在一台机器上发现了病毒时，往往曾在这台计算机上用过的软盘、U盘等已感染上了病毒，而与这台机器相联网的其他计算机很可能也被传染上该病毒。是否具有传染性是判别一个程序是否为计算机病毒的最重要条件。病毒程序通过修改磁盘扇区信息或文件内容并把自身嵌入到其中的方式达到病毒的目的。被嵌入的程序叫作宿主程序。

3. 潜伏性

有些病毒像定时炸弹一样，什么时间发作是预先设计好的。比如黑色星期五病毒，不到预定时间一点都觉察不出来，等到条件具备的时候一下子就爆炸开来，对系统进行破坏。一个编制精巧的计算机病毒程序，进入系统之后一般不会马上发作，可以在几周，或者几个月内，甚至几年内隐藏在合法文件中，对其他系统进行传染，而不被人发现，潜伏性越好，其在系统中的存在时间就会越长，病毒的传染范围就会越大。潜伏性的第一种表现是指，病毒程序不用专用检测程序检查不出来，因此病毒可以静静地躲在磁盘或磁带里待上几天，甚至几年，一旦时机成熟，得到运行机会，就会四处繁殖、扩散，继续为害。潜伏性的第二种表现是指，计算机病毒的内部往往有一种触发机制，不满足触发条件时，计算机病毒除了传染外不做什么破坏。触发条件一旦得到满足，有的在屏幕上显示信息、图形或特殊标识，有的则执行破坏系统的操作，如格式化磁盘、删除磁盘文件、对数据文件做加密、封锁键盘以及使系统锁死等。

4. 隐蔽性

计算机病毒具有很强的隐蔽性，有的可以通过病毒软件检查出来，有的根本就查不出来，有的时隐时现、变化无常，这类病毒处理起来通常很困难。

5. 破坏性

计算机中毒后，可能会导致正常的程序无法运行，甚至把计算机内的文件删除或受到不同程度的损坏，通常表现为增、删、改、移。

6. 可触发性

病毒因某个事件或数值的出现，诱使病毒实施感染或进行攻击的特性称为可触发性。为了隐蔽自己，病毒必须潜伏，少做动作。如果完全不动，一直潜伏的话，病毒既不能感染也不能进行破坏，便失去了杀伤力。病毒既要隐蔽又要维持杀伤力，它必须具有可触发性。病毒的触发机制就是用来控制感染和破坏动作的频率的。病毒具有预定的触发条件，这些条件可能是时间、日期、文件类型或某些特定数据等。宿主运行时，触发机制检查预定条件是否满足，如果满足，启动感染或破坏动作，使病毒进行感染或攻击；如果不满足，使病毒继续潜伏。

7.2.3　计算机病毒的分类

根据多年对计算机病毒的研究，按照科学、系统、严密的方法，计算机病毒可按照病毒属性的方法进行分类，其分类如下。

1. 按病毒存在的媒体分类

根据病毒存在的媒体，病毒可以划分为网络病毒、文件病毒和引导型病毒。网络病毒通过计算机网络传播感染网络中的可执行文件；文件病毒感染计算机中的文件（如：COM，EXE，DOC 等）；引导型病毒感染启动扇区（Boot）和硬盘的系统引导扇区（MBR）；还有这三种情况的混合型。例如，多型病毒（文件和引导型）感染文件和引导扇区两种目标，这样的病毒通常都具有复杂的算法，它们使用非常规的办法侵入系统，同时使用了加密和变形算法。

2. 按病毒传染的方法分类

根据病毒传染的方法可分为驻留型病毒和非驻留型病毒，驻留型病毒感染计算机后，把自身的内存驻留部分放在内存（RAM）中，这一部分程序挂接系统调用并合并到操作系统中去，它处于激活状态，一直到关机或重新启动。非驻留型病毒在得到机会激活时并不感染计算机内存，一些病毒在内存中留有小部分，但是并不通过这一部分进行传染，这类病毒也被划分为非驻留型病毒。

3. 按病毒破坏的能力分类

（1）无害型：除了传染时减少磁盘的可用空间外，对系统没有其他影响。

（2）无危险型：这类病毒仅仅是减少内存、显示图像、发出声音及同类音响。

（3）危险型：这类病毒会在计算机系统操作中造成严重的错误。

（4）非常危险型：这类病毒会删除程序、破坏数据、清除系统内存区和操作系统中的重要信息。

4. 按病毒的算法分类

（1）伴随型病毒。这一类病毒并不改变文件本身，它们根据算法产生 EXE 文件的伴随体，具有同样的名字和不同的扩展名（COM）。

（2）"蠕虫"型病毒。通过计算机网络传播，不改变文件和资料信息，利用网络从一台机器的内存传播到其他机器的内存，将自身的病毒通过网络发送。有

时它们存在于系统中，除了内存一般不占用其他资源。

（3）寄生型病毒。除了伴随型和"蠕虫"型，其他病毒均可称为寄生型病毒，它们依附在系统的引导扇区或文件中，通过系统的功能进行传播，按其算法不同可分为以下两种。

① 练习型病毒。病毒自身包含错误，不能进行很好地传播，例如一些在调试阶段的病毒。

② 诡秘型病毒。它们一般不直接修改 DOS 中断和扇区数据，而是通过设备技术和文件缓冲区等进行 DOS 的内部修改，占用资源不易被发现，使用比较高级的技术，利用 DOS 空闲的数据区进行工作。

③ 变型病毒（又称幽灵病毒）。这一类病毒使用一个复杂的算法，使自己每传播一份都具有不同的内容和长度。它们一般是由一段混有无关指令的解码算法和被变化过的病毒体组成。

7.2.4　计算机病毒的发展

在病毒的发展史上，病毒的出现是有规律的，一般情况下，一种新的病毒技术出现后，会迅速发展，接着，反病毒技术的发展会抑制其流传。操作系统升级后，病毒也会调整为新的方式，产生新的病毒技术。它可划分为以下几个阶段。

1. DOS 引导阶段

1987 年，计算机病毒主要是引导型病毒，具有代表性的是"小球"和"石头"病毒。当时的计算机硬件较少，功能简单，一般需要通过软盘启动后使用。引导型病毒利用软盘的启动原理工作，修改系统启动扇区，在计算机启动时首先取得控制权，减少系统内存，修改磁盘读写中断，进而影响系统工作效率，在系统存取磁盘时进行传播。

1989 年，引导型病毒发展到可以感染硬盘，典型的代表有"石头 2"。

2. DOS 可执行阶段

1989 年，可执行文件型病毒出现，它们利用 DOS 系统加载执行文件的机制工作，代表为"耶路撒冷""星期天"病毒。病毒代码在系统执行文件时取得控制权。修改 DOS 中断，在系统调用时进行传染，并将自己附加在可执行文件中，使文件长度增加。

1990 年，发展为复合型病毒，可感染 COM 和 EXE 文件。

3. 伴随、批次型阶段

1992 年，伴随型病毒出现，它们利用 DOS 加载文件的优先顺序进行工作，具有代表性的是"金蝉"病毒，它感染 EXE 文件时生成一个和 EXE 同名但扩展名为 COM 的伴随体；它感染文件时，改原来的 COM 文件为同名的 EXE 文件，再产生一个原名的伴随体，文件扩展名为 COM，这样在 DOS 加载文件时，病毒就取得控制权。这类病毒的特点是不改变原来的文件内容、日期及属性，解除病毒时只要将其伴随体删除即可。在非 DOS 操作系统中，一些伴随型病毒利用操作系统的描述语言进行工作，具有典型代表的是"海盗旗"病毒，它在得到执行时，询问用户名称和口令，然后返回一个出错信息，将自身删除。批次型病毒是工作在 DOS 下的和"海盗旗"病毒类似的一类病毒。

4. 幽灵、多形阶段

1994 年，随着汇编语言的发展，实现了同一功能可以用不同的方式完成，这些方式的组合使一段看似随机的代码产生相同的运算结果。幽灵病毒就是利用这个特点，每感染一次就产生不同的代码。例如，"一半"病毒就是产生一段有上亿种可能的解码运算程序，病毒体被隐藏在解码前的数据中，查解这类病毒就必须能对这段数据进行解码，加大了查毒的难度。多形型病毒是一种综合性病毒，它既能感染引导区，又能感染程序区，多数具有解码算法，一种病毒往往要两段以上的子程序方能解除。

5. 生成器、变体机阶段

1995 年，在汇编语言中，一些数据的运算放在不同的通用寄存器中，可运算出同样的结果，随机地插入一些空操作和无关指令，也不影响运算的结果，这样，一段解码算法就可以由生成器生成，当生成器的生成结果为病毒时，就产生了这种复杂的"病毒生成器"，而变体机就是增加解码复杂程度的指令生成机制。这一阶段的典型代表是"病毒制造机"（VCL），它可以在瞬间制造出成千上万种不同的病毒，查解时不能使用传统的特征识别法，需要在宏观上分析指令，解码后查解病毒。

6. 网络、蠕虫阶段

1995 年，随着网络的普及，病毒开始利用网络进行传播，它们只是以上几代病毒的改进。在非 DOS 操作系统中，"蠕虫"是典型的代表，它不占用除内存以外的任何资源，不修改磁盘文件，利用网络功能搜索网络地址，将自身向下一地址进行传播，有时也在网络服务器和启动文件中存在。

7. 视窗阶段

1996 年，随着 Windows 和 Windows95 的日益普及，利用 Windows 进行工作的病毒开始发展，它们修改 NE、PE 文件，典型的代表是 DS.3873。这类病毒的机制更为复杂，它们利用保护模式和 API 调用接口工作，解除方法也比较复杂。

8. 宏病毒阶段

1996 年，随着 Windows Word 功能的增强，使用 Word 宏语言也可以编制病毒，这种病毒使用类 Basic 语言、编写容易、感染 Word 文档等文件，在 Excel 和 AmiPro 中出现的相同工作机制的病毒也归为此类，由于 Word 文档格式没有公开，这类病毒查解比较困难。

9. 互联网阶段

1997 年，随着互联网的发展，各种病毒也开始利用互联网进行传播，一些携带病毒的数据包和邮件越来越多，如果不小心打开了这些邮件，机器就有可能中毒。

10. 邮件炸弹阶段

1997 年，随着 WWW 上 Java 的普及，利用 Java 语言进行传播和资料获取的病毒开始出现，典型的代表是 JavaSnake 病毒，还有一些利用邮件服务器进行传播和破坏的病毒，例如 Mail-Bomb 病毒，它会严重影响互联网的效率。

7.2.5 计算机病毒的传播途径

计算机病毒之所以称为病毒，是因为其具有传染性的本质。传统途径通常有以下几种。

1. 通过移动存储器

通过使用被外界感染的移动存储器，例如，不同渠道的系统盘、来历不明的软件、游戏盘等都是最普遍的传染途径。由于使用带有病毒的移动存储器，使机器感染病毒发病，并传染给未被感染的"干净"的移动存储器。大量的移动存储器交换，合法或非法的程序拷贝，不加控制地随便在机器上使用各种软件形成了病毒感染、泛滥蔓延的温床。

2. 通过硬盘

通过硬盘传染也是重要的渠道，由于带有病毒的机器移到其他地方使用、维修等，使干净的硬盘被传染并再扩散。

3. 通过光盘

因为光盘容量大，存储了海量的可执行文件，大量的病毒就有可能藏身于光盘，对只读式光盘，不能进行写操作，因此光盘上的病毒不能清除。以谋利为目的非法盗版软件在制作过程中，不可能为病毒防护担负责任，也决不会有真正可靠可行的技术保障避免病毒的传入、传染、流行和扩散。当前，盗版光盘的泛滥给病毒的传播带来了很大的便利。

4. 通过网络

这种传染扩散极快，能在很短时间内传遍网络上的机器。

Internet 的应用越来越广，这给病毒的传播又增加了新的途径，它的发展使病毒可能成为灾难。病毒的传播更为迅速，反病毒的任务更加艰巨。Internet 带来两种不同的安全威胁，一种威胁来自文件下载，这些被浏览或是被下载的文件可能存在病毒。另一种威胁来自电子邮件。大多数 Internet 邮件系统提供了在网络间传送附带格式化文档邮件的功能，因此，感染病毒的文档或文件就可能通过网关和邮件服务器涌入企业网络。网络使用的简易性和开放性使得这种威胁越来越严重。

7.2.6　计算机病毒的危害

1. 病毒激发对计算机数据信息的直接破坏作用

大部分病毒在激发的时候直接破坏计算机的重要信息数据，所利用的手段有格式化磁盘、改写文件分配表和目录区、删除重要文件或者用无意义的"垃圾"数据改写文件、破坏 CMO5 设置等。磁盘杀手病毒（D1SK KILLER），内含计数器，在硬盘染毒后累计开机时间 48 h 内激发，激发的时候屏幕上显示"Warning！！Don't turn off power or remove diskette while Disk Killer is Prosessing！"（警告！D1SK KILLER Ⅲ在工作，不要关闭电源或取出磁盘！），同时改写硬盘数据。被 D1SK KILLER 破坏的硬盘可以用杀毒软件修复，不要轻易放弃。

2. 占用磁盘空间和对信息的破坏

寄生在磁盘上的病毒总要非法占用一部分磁盘空间。引导型病毒的一般侵占方式是由病毒本身占据磁盘引导扇区，而把原来的引导区转移到其他扇区，也就是引导型病毒要覆盖一个磁盘扇区。被覆盖的扇区数据永久性丢失，无法恢复。文件型病毒利用一些 DOS 功能进行传染，这些 DOS 功能能够检测出磁盘的未用空间，把病毒的传染部分写到磁盘的未用部位上。所以，在传染过程中一般不破坏磁盘上的原有数据，但非法侵占了磁盘空间。一些文件型病毒传染速度很快，在短时间内会感染大量文件，使每个文件都不同程度地增大，造成了磁盘空间的严重浪费。

3. 抢占系统资源

除 VIENNA、CASPER 等少数病毒外，其他大多数病毒在动态下都是常驻内存的，这就必然抢占一部分系统资源。病毒所占用的基本内存长度大致与病毒本身长度相当。病毒抢占内存，导致内存减少，一部分软件不能运行。除占用内存外，病毒还抢占中断，干扰系统运行。计算机操作系统的很多功能是通过中断调用技术来实现的，病毒为了传染激发，总是修改一些有关的中断地址，在正常中断过程中加入病毒的"私货"，从而干扰了系统的正常运行。

4. 影响计算机运行速度

病毒进驻内存后不但干扰系统运行，还影响计算机速度，主要表现在以下3方面。

（1）病毒为了判断传染激发条件，总要对计算机的工作状态进行监视，这相对于计算机的正常运行状态既多余又有害。

（2）有些病毒为了保护自己，不但对磁盘上的静态病毒加密，而且进驻内存后的动态病毒也处在加密状态，CPU每次寻址到病毒处时要运行一段解密程序，把加密的病毒解密成合法的CPU指令再执行；而病毒运行结束时再用一段程序对病毒重新加密，这样便使CPU额外执行数千条乃至上万条指令。

（3）病毒在进行传染时同样要插入非法的额外操作，特别是传染软盘时，不但计算机速度明显变慢，而且软盘正常的读写顺序被打乱，发出刺耳的噪声。

5. 计算机病毒错误与不可预见的危害

计算机病毒与其他计算机软件的一大差别是病毒的无责任性。编制一个完善的计算机软件需要耗费大量的人力、物力，经过长时间调试完善，软件才能推出。但在病毒编制者看来既没有必要这样做，也不可能这样做。很多计算机病毒都是个别人在一台计算机上匆匆编制调试后就向外抛出。反病毒专家在分析大量病毒后发现绝大部分病毒都存在不同程度的错误。大量含有未知错误的病毒扩散传播，其后果是难以预料的。

6. 计算机病毒的兼容性对系统运行的影响

兼容性是计算机软件的一项重要指标，兼容性好的软件可以在各种计算机环境下运行，反之，兼容性差的软件则对运行条件"挑肥拣瘦"，对机型和操作系统版本等都有要求。病毒的编制者一般不会在各种计算机环境下对病毒进行测试，因此病毒的兼容性较差，常常导致死机。

7. 计算机病毒给用户造成严重的心理压力

据有关计算机销售部门统计，计算机售后用户怀疑"计算机有病毒"而提出咨询的约占售后服务工作量的60%以上。经检测确实存在病毒的约占70%，另有30%情况只是用户怀疑，而实际上计算机并没有病毒。那么用户怀疑病毒的理由是什么呢？多半是出现诸如计算机死机、软件运行异常等现象。这些现象确实很有可能是计算机病毒造成的，但又不全是。实际上在计算机工作"异常"的时候很难要求一位普通用户去准确判断是否是病毒所为。大多数用户对病毒采取宁可信其有的态度，这对于保护计算机安全无疑是十分必要的，然而往往要付出时间、金钱等方面的代价。仅仅怀疑病毒而贸然格式化磁盘所带来的损失更是难以弥补的。不仅是个人单机用户，在一些大型网络系统中也难免为甄别病毒而停机。总之，计算机病毒像"幽灵"一样笼罩在广大计算机用户心头，给人们造成巨大的心理压力，极大地影响了现代计算机的使用效率，由此带来的无形损失是难以估量的。

7.2.7 计算机病毒的防治

1. 建立良好的安全习惯

对一些来历不明的邮件及附件不要打开，不要上一些不太了解的网站，不要执行从 Internet 下载后未经杀毒处理的软件等，这些必要的习惯会使您的计算机更安全。

2. 关闭或删除系统中不需要的服务

在默认情况下，许多操作系统会安装一些辅助服务，如 FTP 客户端、Telnet 和 Web 服务器。这些服务为攻击者提供了方便，而又对用户没有太大用处，如果删除它们，就能大大减少被攻击的可能性。

3. 经常升级安全补丁

据统计，有80%的网络病毒是通过系统安全漏洞进行传播的，像"蠕虫王""冲击波""震荡波"等，所以应该定期到微软网站去下载最新的安全补丁，以防患于未然。

4. 使用复杂的密码

有许多网络病毒就是通过猜测简单密码的方式攻击系统的，因此使用复杂的密码，将会大大提高计算机的安全系数。

5. 迅速隔离受感染的计算机

当您的计算机发现病毒或异常时应立刻断网，以防止计算机受到更多的感染，或者成为传播源，再次感染其他计算机。

6. 了解一些病毒知识

这样就可以及时发现新病毒并采取相应措施，在关键时刻使自己的计算机免受病毒破坏。如果能了解一些注册表知识，就可以定期看一看注册表的自启动项是否有可疑键值；如果了解一些内存知识，就可以经常看看内存中是否有可疑程序。

7. 最好安装专业的杀毒软件进行全面监控

在病毒日益增多的今天，使用杀毒软件进行防毒，是越来越经济的选择，不过用户在安装了反病毒软件之后，应该经常进行升级，将一些主要监控经常打开（如邮件监控、内存监控等），遇到问题要上报，这样才能真正保障计算机的安全。

8. 用户还应该安装个人防火墙软件进行防黑

由于网络的发展，用户电脑面临的黑客攻击问题也越来越严重，许多网络病毒都以黑客的方法来攻击用户电脑，因此，用户还应该安装个人防火墙软件，将安全级别设为中、高，这样才能有效地防止网络上的黑客攻击。

7.3　网络黑客

7.3.1　网络黑客概述

"黑客"是由英文单词 hacker 音译而来的，最初的含义是"计算机高手"。然而，有一些"计算机高手"出于兴趣或是其他目的非法入侵到他人计算机或系统中去窃取信息，或是篡改数据。这些人被称为"骇客"（Cracker），表示有犯罪行为的"计算机高手"。随着"黑客"与"骇客"两个词语含义的逐渐混淆，"黑客"一词现在泛指利用计算机技术非法闯入到其他计算机或系统的人。

网络黑客是非法入侵者，他们大都是程序员，对计算机技术和网络技术非常了解，清楚系统漏洞及其原因所在，喜欢非法闯入并以此作为智力挑战而沉醉其中。有些黑客仅仅是为了验证自己的能力而非法侵入，并不对信息系统或网络系统产生破坏，但也有很多黑客非法闯入是为了窃取机密信息，盗用系统资源或出于报复心理而恶意毁坏某个信息系统等。

随着计算机技术、网络技术的不断发展，黑客的攻击手段也在不断提高。要防范黑客的攻击就要先了解黑客的犯罪手法。

7.3.2　常见的黑客攻击方法

1. 黑客的攻击步骤

一般黑客的攻击分为信息收集、探测分析系统的安全弱点和实施攻击 3 个步骤。

（1）信息收集。黑客通常利用相关的网络协议或使用程序来收集要攻击目标的详细信息。例如，用 SNMP 协议可查看路由器的路由表，了解目标主机内部拓扑结构的细节；用 traceroute 程序可以获得目标主机所要经过的网络数和路由数；用 ping 程序可以检测一个指定主机的位置并确定是否可到达等。

（2）探测分析系统的安全弱点。在收集到目标的相关信息以后，黑客会探测网络上的每一台主机，以寻找系统的安全漏洞或安全弱点，黑客一般会使用 Telnet、FTP 等软件向目标主机申请服务，如果目标主机有应答就说明开放了这些端口的服务，寻找系统的安全漏洞，获得目标攻击系统的非法访问权。

（3）实施攻击。在获得了目标系统的非法访问权以后，黑客一般会实施以下的攻击。

① 试图毁掉入侵的痕迹，并在受到攻击的目标系统中建立新的安全漏洞或后门，以便在先前的攻击点被发现以后能继续访问该系统。

② 在目标系统安装探测器软件，如"特洛伊木马"程序，用来窥探目标系统的活动，继续收集黑客感兴趣的一切信息，如账号和口令等敏感数据。

③ 进一步发现目标系统的信任等级，以展开对整个系统的攻击。

④ 如果黑客在被攻击的目标系统上获得了特许访问权，那么他就可以读取邮件、搜索和盗取私人文件、毁坏重要数据以致破坏整个网络系统，后果不堪设想。

2. 黑客攻击的方式

黑客攻击常采用以下几种典型的方式。

（1）密码破解。通常采用的攻击方式有字典攻击、假登录程序、密码探测程序等，主要是获取系统或用户的口令文件。

字典攻击是一种被动的攻击，黑客获取系统的口令文件，然后用黑客字典中的单词一个一个地进行匹配比较，由于大多数采用的是人名、常见的单词或数据组合等构造口令，所以字典攻击的成功率较高。

假登录程序设计了一个与系统登录界面一模一样的程序并嵌入到相关的网页上，以骗取他人的账号和密码。当在这个假登录的程序上输入账号和密码后，该程序就记录下所登录的程序和密码。

由于 Windows NT 系统内存或传送的密码都经过单向散列函数（Hash）的编码处理，并存放到 SAM 数据库中，于是网上出现了一种专门用来探测 NT 密码的程序 LophCrack，它能利用各种可能的密码反复模拟 NT 的编程过程，并将所编出来的密码与 SAM 数据库中的密码进行比较，如果两者相同就得到了正确的密码。

（2）IP 嗅探与欺骗。嗅探是被动式的攻击，又叫网络监听，就是通过改变网卡的操作模式让它接收流经该计算机的所有信息包，这样就可以截获其他计算机的数据报文或口令。监听只能针对同一物理段上的主机，不在同一网段的数据包会被网关过滤掉。

欺骗是主动式的攻击，即将网络上的某台计算机伪装成另一台计算机的主机，向它发送数据或者允许它修改数据，常用的欺骗方式有 IP 欺骗、DIHS 欺骗、ARP 欺骗、ARP（地址转换协议）欺骗以及 Web 欺骗等。

（3）系统漏洞。漏洞是指程序在设计、实现和操作上存在的错误。由于程序或软件的功能一般都比较复杂，程序员在设计和调试的过程中总有考虑欠缺的地方，绝大部分软件在使用过程中都需要不断地改进与完善。被黑客利用最多的系统漏洞是缓冲区的溢出（Buffer Overflow），因为缓冲区的大小有限，一旦往缓冲区中放入超过其大小的数据，就会产生溢出，故黑客可以利用这样的溢出来改变程序的执行流程，进而执行事先编好的黑客程序。

（4）端口扫描。由于计算机和外界通信都必须通过某个端口才能进行，黑客可以利用某个端口扫描软件，查看该机器的哪些端口是开放的，由此可以知道目标计算机进行了哪些通信服务。了解了目标计算机开放的端口服务以后，黑客会通过这些开放的端口发送"特洛伊木马"程序到目标计算机上，利用木马来控制被攻击的目标。

7.3.3 防止黑客攻击的策略

防止黑客攻击的策略主要有：数据加密、身份认证、建立完善的访问控制策略、审计等。

加密的目的是保护系统内的数据信息、文件、口令和控制信息等，同时也可以提高网上传输数据的可靠性。这样即使黑客截获了网上传输的信息包，一般也无法获得正确的信息。

身份认证是指通过密码或特征信息等来确认用户身份的真实性，只对确认给予相应的访问权限。

系统应当建立完善的访问策略，设置入网访问权限、网络共享资源的访问权限、目录安全等级控制、网络端口和结点的安全控制、防火墙的安全控制等，通过配置各种安全控制机制，才能最大限度地保护系统免受黑客的攻击。

审计是指把系统中和安全有关的事件记录下来，保存在相应的日志文件中，当遭到黑客攻击时，这些数据可以用来帮助调查黑客的来源，并作为证据来追踪黑客。也可以通过对这些数据的分析来了解黑客攻击的手段以找出应对的策略。

不要随便从 Internet 上下载软件，不运行来历不明的软件，不随便打开陌生人发来的邮件中的附件。经常运行专门的反黑客软件，经常检查系统注册表和系统启动文件中的自动启动项是否有异常，做好系统数据的备份工作，及时安装系统的补丁程序等都可以提高防止黑客攻击的能力。

7.4 网络安全技术

7.4.1 防火墙技术

1. 防火墙概述

防火墙（Firewall）是一个由软件和硬件设备组合而成，在内部网和外部网之间、专用网与公共网之间的界面上构造的保护屏障，目的是实施访问控制策略。这个访问控制策略是由使用防火墙的单位自行制订的。这种安全策略应当最适合本单位的需要。

防火墙的功能有两个，即阻止和允许。"阻止"就是阻止某种类型的流量通过防火墙（从外部网络到内部网络，或反过来）。"允许"的功能与"阻止"恰恰相反。可见防火墙必须能够识别流量的各种类型。不过在大多数情况下，防火墙的主要功能是"阻止"。

但是，"绝对阻止所不希望的通信"和"绝对防止信息泄露"一样，是很难做到的。直接使用一个商用的防火墙往往不能得到所需要的保护，但适当地配置防火墙则可将安全风险降至可以接受的最低水平。

防火墙技术一般可以分为以下两类。

（1）网络级防火墙。主要是用来防止整个网络出现的外来非法入侵。属于这类的有分组过滤和授权服务器。前者检查所有流入本网络的信息，然后拒绝不符合事先制定好的一套准则的数据，而后者则是检查用户的登录是否合法。

（2）应用级防火墙。从应用程序来进行访问控制。通常使用应用网关或代理服务器来区分各种应用。例如，可以允许通过访问万维网的应用而阻止FTP应用的通过。

2. 防火墙实现原理及实现方法

1）防火墙原理

防火墙的主要目的是分隔内网和外网，以保护内部网络的安全。因此，从OSI的网络体系结构来看，防火墙是建立在不同分层结构之上，具有一定安全级别和执行效率的通信技术。

基于网络分层结构的思想，防火墙所采用的通信协议栈越在高层，所能检测到的通信资源就越多，其安全级别也就越高，然而其执行效率反而越差。反之，如果防火墙所采用的通信协议栈越在低层，所能检查到的通信资源越少，其安全级别就越低，然而执行效率反而越好。

2）防火墙的实现方法

（1）包过滤。包过滤是一种安全机制，它控制哪些数据包可以进出网络而哪些数据包应被网络拒绝。一个文件要穿过网络，必须将文件分成小块，每个小块文件单独传输。把文件分成小块的做法主要是为了让多个系统共享网络，每个系统可以依次发送文件块。在 IP 网络中，这些小块称为包。所有的信息传输都以包的方式来实施。

防火墙常常就是一个具备包过滤功能的简单路由器，支持 Internet 安全。这是使 Internet 连接更加安全的一种简单方法，因为包过滤是路由器的固有属性。

（2）代理服务器。在应用中，如果数据流的实际内容很重要，并且需要控制，就应使用代理。代理服务器在内部网和外部网之间充当"中间人"，通过打开堡垒主机上的嵌套字，允许直接从防火墙后访问 Internet 并允许通过这个嵌套字进行交流。代理服务器软件可以独立地在一台服务器上运行，或者与诸如包过滤器的其他软件一起运行。

3. 防火墙体系结构

一般来说，防火墙置于内部可信网络和外部不可信网络之间，作为一个阻塞点来监视和抛弃应用层的网络流量。防火墙也可运行于网络层与传输层，它在此处检查接收与传送包的 IP 和 TCP 包头，并且丢弃一些包。这些包是基于已编程的包过滤器规则而被过滤掉的。

根据防火墙所采用的技术和配置的不同，可以将常见的防火墙系统分为这样几种类型：包过滤防火墙、双目主机结构防火墙、屏蔽主机结构防火墙、屏蔽子网结构防火墙和应用层网关。

7.4.2 防病毒技术

网络防病毒技术包括预防病毒、检测病毒和消毒 3 类，它们的相互结合构成了防病毒软件和病毒防范系统的基础。

预防病毒技术可以自身常驻系统内存，优先获得系统的控制权，监视和判断系统中是否有病毒存在，进而阻止计算机病毒进入计算机系统和对系统进行破坏。这类技术有加密可执行程序、引导区保护、系统监控与读写控制（如防病毒卡）等。

检测病毒技术通过计算机病毒的特征来进行判断，如自身校验、关键字、文件长度的变化等。病毒特征代码检测法目前被认为是用来检测已知病毒最简单、开销最小的方法。利用病毒的特有行为特征来检测病毒也是一种有效的方法，因为有一些行为是病毒的共同行为，而且比较特殊。在正常的程序中，这些行为比较罕见。当程序运行时，监视这些行为，如果发现了病毒行为，立即报警。

消毒技术则是在计算机病毒检测和分析的基础上，安全地删除病毒程序并恢复原文件。

7.4.3 网络入侵与检测技术

近年来，随着 Internet 的迅速发展，网络攻击事件时有发生，网络安全问题显得日益重要。作为网络安全防护工具"防火墙"的一种重要的补充措施，入侵检测系统（Intrusion Detection System，IDS）得到了迅速发展。入侵检测系统通过从计算机网络中的若干关键点收集信息并加以分析，检查网络中是否有违反安全策略的行为和遭到袭击的迹象，从而提供对内部攻击和误操作的实时保护。有两类主要的入侵检测系统，基于主机的入侵检测系统和基于网络的入侵检测系统。基于网络的入侵检测系统主要是从网络中的关键网段收集网络分组信息，从而发现入侵证据。它能在不影响网络性能的情况下对网络进行检测，发现入侵事件并作出响应。

基于网络的入侵检测实际上也是一种信息识别与检测技术。网络入侵活动的实际体现就是数据包，它作为信息输入到检测系统之中。检测系统对其进行分析和处理之后，得到的就是网络入侵的判断。因此，传统的信息识别技术也可以用到入侵检测中。

在基于网络的入侵检测中，不但数据包的先后次序十分重要，数据包产生的时间也要作为一个重要的变量输入到识别系统之中，如 DOS 攻击，其完全是依靠短时间内大量的网络活动来耗尽系统资源的。此外，入侵检测比一般的信息识别有更强的上下文和环境相关性。在不同的环境下，有完全不同的结果。

1. 入侵方式

（1）探测。探测方式有很多，包括 Ping 扫描、探测操作系统类别、系统及应用软件的弱账号扫描、侦探电子邮件、TCP/UDP 端口扫描、探测 Web 服务器 CGI 漏洞等。

（2）漏洞利用。指入侵者利用系统的隐藏功能或漏洞尝试取得系统控制权。主要包括 CGI 漏洞、Web 服务器漏洞、Web 浏览器漏洞、STMP 漏洞、IMAP 漏洞、IP 地址欺骗和缓冲区溢出等。

（3）DOS 或 DDOS（拒绝服务攻击或分布式拒绝服务攻击）。这种攻击是真正的"损人不利己"，不需要别人的数据，只想等别人出错看热闹。这种攻击行为越来越多，常见的 DOS 有死亡之 Ping、SYN 淹没、Land 攻击。

2. 入侵检测技术

对付网络"黑客"的反攻击手段有两大类：主动型和被动型。被动型反攻击手段的典型代表是防火墙，它主要是基于各种形式的禁止策略。主动型反攻击手段的典型代表就是入侵检测系统，它是一种能够自动识别系统中异常操作和未

授权访问、检测各种已知攻击的技术。

1）入侵检测技术的原理

入侵检测是一种主动保护自己免受攻击的网络安全技术。作为防火墙的合理补充，入侵检测技术能够帮助系统对付网络攻击，扩展了系统管理员的安全管理能力（包括安全审计、监视、攻击识别和响应），提高了信息安全基础结构的完整性。它从计算机网络系统中的若干关键点收集信息，并分析这些信息，达到发现网络系统中是否有违反安全策略的行为和被攻击的迹象等目的，它可以防止或减轻上述的网络威胁。入侵检测和其他检测技术运用同样的原理，就是从一组数据中检测出符合某些入侵特点的数据。入侵者进行攻击的时候会留下痕迹，这些痕迹和系统正常运行时产生的数据混在一起。入侵检测系统就是从这些混合数据中找出是否有入侵的痕迹，如果有入侵的痕迹就报警有入侵事件发生。

2）入侵检测系统的分类

根据不同的分类标准，可以从以下几个方面对入侵检测系统进行分类。

（1）根据检测方法可划分为基于行为的入侵检测系统（也称为异常检测）、基于特征的入侵检测系统（也称为滥用检测）和混合检测。

（2）根据数据来源的不同可分为基于主机的入侵检测系统和基于网络的入侵检测系统。前者适用于主机环境，而后者适用于网络环境。

（3）根据入侵检测系统对入侵攻击的响应方式可分为主动的入侵检测系统（又称为实时入侵检测系统）和被动入侵检测系统（又称为事后入侵检测系统）。

（4）根据入侵检测系统的分析数据来源可以分为主机系统的审计迹（系统日志）、网络数据报、应用程序的日志及其他人入侵检测系统的报警信息等。

3）入侵检测系统的局限性

虽然入侵检测系统及其相关技术已经得到了很大的发展，但关于入侵检测系统的性能检测及其相关评测工具、标准及测试环境等方面的研究工作还很缺乏。评判一个入侵检测系统性能的好坏，还没有一个统一的国际标准。目前，评价入侵检测系统的性能指标主要有准确性、处理性能、完备性、容错性和及时性。

7.4.4 加密技术

在计算机网络中，数据报文的传输过程存在许多不安全因素，数据有可能被截获、修改或伪造。对付这些攻击并保证数据的保密性和完整性的安全技术主要是对所传送的数据加密。所谓加密是把报文进行编码使其意义变得不明显的过程；而解密则是加密的逆过程，即把报文从加密形式变换成原始形式的过程。将报文的原始形式称为明文，而报文的加密形式称为密文。

网络加密具体的实施方式有三种。一是链路加密，要求在任何一对相邻节点之间使用相同的密码机通信，这种方式需要大量的密码机设备，此外信息在节点机内是以明文出现的。第二种方式是端到端加密，不同于链路加密，端到端加密通信的用户双方采用密文通信，节省了许多加密设备。但是这种方式也有缺点，它的报文头部是以明文方式出现的。结合以上两种方式的优点，也就出现了第三种加密，即混合加密，这样使得信息在传输过程中的头部和数据部分都以密文来传递。

在计算机网络中使用的密码算法可分为两类：常规密码算法和公钥密码算法。比较有名的常规密码算法有美国的 DES 及其各种变形，比如 Triple DES、GDES，欧洲的 IDEA，日本的 FEAL-N、LOKI-91、RC5 等。在众多的常规密码算法中影响最大的是 DES 算法。在公钥密码算法中，有 RSA、背包密码、Diffe-Hellman、Rabin、零知识证明的算法、椭圆曲线、EIGamal 算法等。最有影响的公钥密码算法是 RSA，它能抵抗到目前为止已知的所有密码攻击。

7.5　信息安全工具

7.5.1　诺顿杀毒软件

诺顿杀毒软件是赛门铁克公司的产品。赛门铁克公司创建于 1982 年，总部设在加利福尼亚的 Cupertino，在全球 40 个以上国家和地区设有营运据点，是现今规模最大的信息安全企业以及领导品牌。诺顿杀毒软件最新的版本如图 7-2 所示。

诺顿杀毒软件可以防御最新的已知病毒、间谍软件和其他威胁。诺顿防护系统是通过组合使用多个重叠式防护层来阻止病毒、间谍软件和其他网络攻击的。此外，诺顿会每隔 5~15 分钟执行一次更新，因此，它可以在不影响计算机正常

图 7-2　诺顿杀毒软件

运行速度的情况下防御最新的威胁。Rootkit 恶意软件检测技术可以查找并删除顽固性犯罪软件，保证电脑健康运行。

7.5.2　卡巴斯基安全软件

卡巴斯基安全软件是卡巴斯基实验室的产品，卡巴斯基实验室建立于 1997 年，总部设在俄罗斯首都莫斯科。图 7-3 所示为卡巴斯基安全软件多设备版。

最新的卡巴斯基安全软件结合了大量易用、严格的网页安全技术，可保护个

人电脑免遭各类恶意软件和基于网络威胁的侵害。其主要功能包括 PC 反恶意软件保护、实时云安全保护、安全支付、网页保护、虚拟键盘技术、安全键盘输入、自动漏洞入侵防护、受信任应用程序模式、系统监控、优化的反病毒数据库、防御屏幕拦截程序、高级家长控制技术等。

7.5.3 趋势科技杀毒软件

趋势杀毒软件是趋势科技（Trend）公司的产品，趋势科技公司于 1998 年成立于美国加利福尼亚州。

最新的 PC-cillin 2014 如图 7-4 所示，其集成趋势科技独创的云端截毒技术，将 80% 的病毒码移至云端，同时提供文件保险箱、智能文件粉碎、即时通信防护、恶意链接拦截预警、社交网络隐私防护等功能，全面防护计算机的本地文件安全和网络安全。

图 7-3　卡巴斯基安全软件

图 7-4　PC-cillin 2014

7.5.4 熊猫卫士

Panda 软件公司是欧洲第一位的计算机安全产品公司，也是唯一的杀毒软件公司内拥有 100% 自有技术的公司。Panda 在世界各地超过 20 个国家销售，面临着中国市场上的迅速发展及日益增长的产品本地化需求，为进一步迅速拓展市场，方正科技于 2002 年年初正式入资熊猫中国，为熊猫在中国市场长期发展奠定了坚实的基础。

图 7-5 所示的熊猫安全全功能保护 2014 能够为个人用户的所有设备（PC机、Mac 机、Android 智能手机和平板电脑）提供保护，免遭病毒和其他威胁的

侵害。熊猫安全全功能保护 2014 同样集成了 Panda 软件公司的 Panda Security 云技术，Panda Security 云技术模式基于依靠集体力量的用户社区，使计算机始终处于更新和保护状态。

7.5.5　瑞星杀毒软件

瑞星品牌于 1991 年在中关村诞生，是中国最早的计算机反病毒标志。瑞星杀毒软件（Rising Antivirus）（简称 RAV）采用获得欧盟及中国专利的六项核心技术，形成全新软件内核代码，具有八大绝技和多种应用特性，是目前国内外同类产品中最具实用价值和安全保障的杀毒软件产品

图 7-5　熊猫安全全功能
保护 2014

2011 年 3 月 18 日，瑞星宣布从即日起其个人安全软件产品全面、永久免费。图 7-6 所示为瑞星全功能安全软件，其依托亚洲最大的云安全数据中心、世界级反病毒虚拟机和专业虚拟化引擎这三大技术根基，全面提升运作效能，有效解决黑客攻击、木马病毒、钓鱼网站等安全问题。

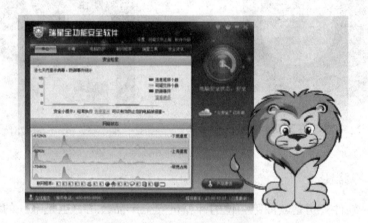

图 7-6　瑞星全功能安全软件

7.5.6　360 杀毒软件

360 杀毒是 360 安全中心出品的一款免费的云安全杀毒软件，其创新性地整合了五大领先查杀引擎，包括国际知名的 BitDefender 病毒查杀引擎、小红伞病毒查杀引擎、360 云查杀引擎、360 主动防御引擎以及 360 第二代 QVM 人工智能引

擎。数据显示，截至目前，360 杀毒月度用户量已突破 3.7 亿，一直稳居安全查杀软件市场份额头名。360 杀毒软件界面如图 7-7 所示。

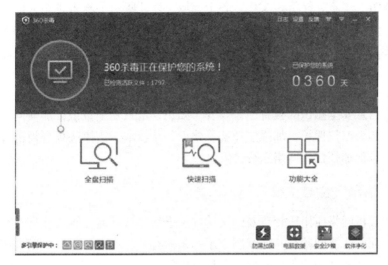

图 7-7　360 杀毒软件界面

7.6　网络道德规范

7.6.1　网络道德规范概述

随着 Internet 更大范围的普及，网络文化已经融入了我们的生活。根据权威统计，目前我国网民数量超过 6 亿人，全球范围的网民数量已达 28.9 亿。任何事物都有它的两面性，Internet 也是一样。网络丰富的信息资源在给用户带来了极大方便的同时，Internet 的安全隐患也愈显突出。全世界高达 20 多万个黑客网站所产生的安全攻击次数大得惊人。计算机病毒和黑客攻击直接威胁着信息网络的安全，利用互联网传播有害信息手段也在日益变化，互联网带给人们自由开放的同时，也带来不可忽视的安全风险。因此，网络与信息安全已成为互联网健康发展所必须面对的严重问题。

作为一种技术，Internet 本身是中性的，可以用它做好事，也可以用它做坏事。例如，1995 年，一位学生为挽救生命垂危的同学，在 Internet 上发出了一个求救的 E-mail，得到了全球 1 000 多名医学专家的"网上会诊"，使病危的同学转危为安。另一个例子是，一位学生在妒忌心的驱使下，通过 Internet，假冒自己的同学拒绝了美国密执安大学的入学邀请，使同学痛失出国深造的机会。

Internet 是一个开放的、无控制机构的网络。如今，在其上传播的信息涉及国家的政治、军事、经济、文化等各个领域，因此吸引了越来越多人的关注，特别是不法分子的关注。近几年来，计算机犯罪案件急剧上升，已经成为普遍的国际性问题。除此以外，计算机诈骗、非法盗版、垃圾邮件、黄毒泛滥、恐怖活动等负面的影响也在威胁着人们的正常生活。

基于上述原因，必须加强信息安全的各项技术研究和开发，同时还应该大力加强国民信息安全意识的教育，普及安全知识，增强安全意识，加强网络道德建设和软件知识产权保护，加强法律法规建设，从技术、法律法规、规范管理上着手，全方位地加强信息网络系统的安全。

7.6.2　信息安全与法律

在计算机网络应用比较普及的发达国家已经比较早地开始研究有关计算机网络应用方面的法律问题，并陆续制定了一系列有关的法律、法规，以规范计算机在社会和经济活动中的应用。然而，计算机网络进入人类社会及经济活动的时间相对还比较短，因此有关法律、法规的制定工作仍然存在许多问题。其具体表现如下。

1. 信息安全与法律问题目前还处于探讨阶段

目前，我国有关部门对互联网的行政管理已经作出了几项管理规定，这是对互联网进行立法的一个尝试。这些规定虽然属于行政法的范畴，是以部门规章的形式出现的，但还是一种级别很低的"法律"。它的性质仍然属于管理型的法规。例如，国务院颁布的《互联网信息服务管理办法》就是这类法规。

综上所述，我国信息安全的立法工作还是任重而道远的。但通过立法机构和广大网民的共同努力，我国的网络信息安全定会走上健康的法制轨道。

2. 为预防计算机犯罪的安全防护措施

为预防利用计算机进行犯罪，计算机安全的防护措施必然要综合考虑信息流通的各个环节，包括从法律、管理到处理的全部过程。因此，应做好以下几个方面的工作。

（1）建立信息保护法。目的是为国家、单位、个人的信息提供法律形式的保护，作为对玩忽职守和窃取机密者进行惩处的法律依据。

（2）操作管理保护措施。建立和健全严密的安全管理体制和完善的管理制度，采取各种预防措施和恢复手段防止来自内部的和外部的攻击。各级员工必须忠于职守，严格按规章制度办事，切实落实各种安全措施，确保实现各级安全管理目标和责任制。

（3）建设好物理保护层。主要目的是加强对自然灾害（火灾、水灾、雷电等）的防护，加强对通过物理接触实施非法活动人员的防护。通过将周密的戒备措施与严格的身份鉴别技术相结合，识别和监视接触系统的各类人员。

（4）硬件保护措施。主要目的是保护存储在硬件主体（内存、外部设备、磁盘等）中的信息。例如，构建异地、异机的信息备份机制，定期备份数据。

（5）通信网络保护措施。主要目的是保护通信网络中传输的信息。由于信息在传输过程中直接受到安全方面的威胁，它是非法窃取者在线窃听和无线接收的目标，因此，防护难度很高。有效的保护方法就是采用加密技术。

（6）软件保护措施。主要是保护所处理的信息，保护对象包括操作系统和用户的应用程序。在编写软件时要考虑到安全性。

（7）数据库保护措施。目的是保护数据的完整性和安全性，防止数据非法泄露，严禁对数据库的非法存取或篡改。数据库的保护可以采用访问控制技术。

7.6.3 网络用户行为规范

1. 国内外相关道德规范

建立网络行为道德标准和法律规定。规范人们的网络行为是网络道德建设的必经之路。Internet 把全世界连接成了一个"地球村"，互联网上所有网民是地球村的村民，他们共同拥有这个由"比特"构成的数字空间。没有规矩，不成方圆。为维护每个网民的合法权益，必须用网络公共道德和行为规范约束每个人。目前，国外、国内一些计算机和网络组织为其用户制定了一系列相应的规则，这些规则涉及网络行为的方方面面，如电子邮件使用的语言格式、网络通信协议、匿名邮件传输协议等。这些规范、协议约束和影响着网民行为，由此而产生了 Internet 网络文化。例如，网络礼仪、公共道德、守则和注意事项等。

1）网络礼仪

网络礼仪是网民之间交流的礼貌形式和道德规范。网络礼仪建立在自我修养和自重自爱的基础上。网络礼仪主要有以下内容。

（1）使用电子邮件时应遵循的规则。

（2）上网浏览时应遵守的规则。

（3）网络聊天时应该遵守的规则。

（4）进行网络游戏时应该遵守的规则。

（5）尊重软件知识产权。

网络礼仪的基本原则是：自由和自律。

2）网络公共道德守则

（1）彼此尊重，宽以待人，允许不同意见。

（2）保持平静。

（3）助人为乐，帮助新手。

（4）健康、快乐、幽默。

（5）做出贡献。

3）美国计算机伦理学十戒律

美国计算机伦理学会为计算机伦理学制定的十戒律是比较著名的网络道德行为规范，其具体内容如下。

（1）不应用计算机伤害他人。

（2）不应干扰别人的计算机工作。

（3）不应窥探别人的文件。

（4）不应用计算机进行偷窃。

（5）不应用计算机作伪证。

（6）不应使用或拷贝没有付钱的软件。

（7）不应未经许可而使用别人的计算机资源。

（8）不应盗用别人的智力成果。

（9）应该考虑你所编程序的社会后果。

（10）应该以深思熟虑和慎重的方式来使用计算机。

2. 行为守则

在网上交流，不同的交流方式有不同的行为规范，主要交流方式有"一对一"方式（如 E-mail）、"一对多"方式（如电子新闻）、"信息服务提供"方式（如 WWW 和 FTP）。

1）"一对一"方式交流行为规范

（1）不发送垃圾邮件。

（2）不发送涉及机密内容的电子邮件。

（3）转发别人的电子邮件时，不随意改动原文的内容。

（4）不给陌生人发送电子邮件，也不要接收陌生人的电子邮件。

（5）不在网上进行人身攻击，不讨论敏感的话题。

（6）不运行通过电子邮件收到的软件程序。

2）"一对多"方式交流行为规范

（1）将一组中全体组员的意见与该组中个别人的言论区别开来。

（2）注意通信内容与该组目的的一致性，如不在学术讨论组内发布商业广告。

（3）注意区分"全体"和"个别"。与个别人的交流意见不要随意在组内进行传播，只在讨论出结论后，将结果摘要发布给全组。

注意："一对一"方式交流的行为规范对"一对多"方式也是适用的。

3）以"信息服务提供"方式交流行为准则

（1）要使用户意识到信息内容可能是开放的，也可能是针对特定的用户群。因此，不能未经许可就进入非开放的信息服务器，如将自己信息传送到中转站，要遵守信息服务器管理员的各项规定。

（2）信息服务提供者应该将信息内容很好地组织，以便于用户使用。

（3）信息内容不应该偏激。

（4）除非有安全措施保证，否则不能让用户无条件地信任从网上所获得的信息。

3. 注意事项

（1）不可以在网络上恶意攻击别人。

（2）不可以企图侵入别人的系统。

（3）不可以盗用别人的账号。

（4）不应将私人广告信件用 E-mail 发送给所有人，或是任意广播到所有的电子讨论区。

（5）不在网上任意修改不属于自己的信息。

（6）不散发保密的信息，不转发来源不详的信息，不传播小道消息。

（7）不在网上交识身世不详的朋友。

7.6.4　软件知识产权

计算机软件是人类知识、智慧和创造性劳动的结晶，软件产业是知识和资金密集型的新兴产业。由于软件开发具有开发工作量大、周期长，而生产（复制）容易、费用低等特点，因此，长期以来，软件的知识产权得不到尊重，软件的真正价值得不到承认，靠非法窃取他人软件而牟取商业利益成了信息产业中投机者的一条捷径。因此，软件知识产权保护已成为亟待解决的一个社会问题。软件知识产权保护是软件产业健康发展的必要条件，所以提高社会公众的知识产权意识，建立一个尊重知识、尊重知识产权的良好市场秩序是政府、企业和用户的共同愿望。

1）知识产权的概念

知识产权又称智力成果产权和智慧财产权，是人们对自己的智力劳动成果所依法享有的权利，它是一种无形资产。知识产权分为工业产权和版权。前者主要包括专利权、商标专有权和制止不正当竞争权；后者专指计算机软件。

2）知识产权组织及法律

1967 年，在瑞典斯德哥尔摩成立了世界知识产权组织。1980 年，我国正式加入该组织。1990 年 9 月，我国颁布了《中华人民共和国著作权法》，确定计算机软件为保护的对象。

1991 年 6 月，国务院正式颁布了我国《计算机软件保护条例》。这个条例是我国第一部计算机软件保护的法律法规，它标志着我国计算机软件的保护已走上法制化的轨道。

3）知识产权保护

目前大多数国家采用著作权法来保护软件，将包括程序和文档的软件作为一种作品。

（1）对计算机软件来说，著作权法并不要求软件达到某个较高的技术水平，只要是开发者独立自主开发的软件，即可享有著作权。一个软件必须在其创作出来，并固定在某种有形物体（如纸、磁盘）上，能为他人感知、传播、复制的情况下，才享有著作权保护。

（2）计算机软件的体现形式是程序和文件，它们是受著作权法保护的。

（3）著作权法的基本原则是：只保护作品的表现，而不保护作品中所体现的思想、概念。目前，人们比较一致的观点是：软件的功能目标应用属于思想、概念，不受著作权法的保护；而软件的程序代码则是表现，应受著作权法的保护。

4）软件著作权人享有的权利

根据我国著作权法的规定，作品著作人（或版权人）享有如下 5 项专有权力。

（1）发表权：决定作品是否公布于众的权力。

（2）署名权：表明作者身份，在作品上署名的权力。

（3）修改权：修改或授权他人修改作品的权力。

（4）保护作品完整权：保护作品不受篡改的权力。

（5）使用权和获得报酬权：以复制、表演、播放、展览、发行、摄制影视或改编、翻译、编辑等方式使用作品的权力，以及许可他人以上述方式作为作品，并由此获得报酬的权力。

7.6.5　相关法律法规

互联网虽是一个虚拟的世界，但它对信息社会和人类文明的影响却越来越大。它的跨国界性、无主管性、不设防性，使得它在为人们提供便利、带来效益的同时，也带来风险。网络发展中出现的法律问题应该引起全社会的更多关注。

我国是个法治国家。随着网络文化的形成和发展，我国互联网的管理方式已引发很多社会问题，受到政府和公众的普遍关注。为了保护我国的信息安全，国家各级政府部门已经陆续出台了一系列与网络信息安全有关的法律、法规。这些法律、法规是人们在网络信息社会生活中的行为规范和道德准则。

以下所列是我国先后出台的相关法律法规，其详细内容可查阅相关的法律文献资料。

(1)《中华人民共和国计算机信息网络国际联网管理暂行规定》

(2)《中华人民共和国计算机信息网络国际联网管理暂行规定实施办法》

(3)《中国互联网络域名注册暂行管理办法》

(4)《中国互联网络域名注册实施细则》

(5)《中华人民共和国计算机信息系统安全保护条例》

(6)《关于加强计算机信息系统国际联网备案管理的通告》

(7)《中华人民共和国电信条例》

(8)《互联网信息服务管理办法》

(9)《从事开放经营电信业务审批管理暂行办法》

(10)《电子出版物管理规定》

(11)《关于对与国际联网的计算机信息系统进行备案工作的通知》

(12)《计算机软件保护条例》

(13)《计算机软件著作权登记办法》

(14)《计算机信息网络国际联网出入口信道管理办法》

(15)《计算机信息网络国际联网的安全保护管理办法》

(16)《计算机信息系统安全专用产品检测和销售许可证管理办法》

(17)《计算机信息系统国际联网保密管理规定》

(18)《科学技术保密规定》

(19)《商用密码管理条例》

(20)《计算机信息系统安全保护等级划分准则》

(21)《信息处理系统数据加密实体鉴别机制第 1 部分：一般模型》

(22)《信息处理系统开放系统互联网基本参考模型第 2 部分：安全体结

构》

（23）《中国公用计算机互联网国际联网管理办法》

（24）《中国公众多媒体通信管理办法》

（25）《中华人民共和国保守国家秘密法》

（26）《中华人民共和国反不正当竞争法》

（28）《中华人民共和国国家安全法》

（29）《中华人民共和国海关法》

（30）《中华人民共和国商标法》

（31）《中华人民共和国刑法》

（32）《中华人民共和国治安管理处罚条例》

（33）《中华人民共和国专利法》

思考与练习

1. 单项选择题

（1）通常所说的"计算机病毒"是指（　　　）。

  A. 细菌感染　　　　　　　　B. 生物病毒感染

  C. 被损坏的程序　　　　　　D. 特制的具有破坏性的程序

（2）计算机病毒的危害性表现在（　　　）。

  A. 能造成计算机器件永久性失效

  B. 影响程序的执行，破坏用户数据与程序

  C. 不影响计算机的运行速度

  D. 不影响计算机的运算结果，不必采取措施

（3）下列4项中，不属于计算机病毒特征的是（　　　）。

  A. 潜伏性　　　B. 传染性　　　　C. 激发性　　　　　　D. 免疫性

（4）确保学校局域网的信息安全，防止来自 Internet 的黑客入侵，采用（　　　）

以实现一定的防范作用。

  A. 网管软件　　B. 邮件列表　　　C. 防火墙软件　　　　D. 杀毒软件

2. 简答题

（1）什么是计算机病毒程序？

（2）简述计算机病毒的特征。

（3）计算机病毒的主要分类有哪些？

（4）计算机病毒的主要危害有哪些？

参 考 文 献

[1] 马丽，王晓军．计算机应用基础［M］．北京：中国人民大学出版社，2006．

[2] 訾秀玲．大学计算机基础［M］．北京：清华大学出版社，2006．

[3] 刘景春，刁树民．计算机文化基础［M］．北京：机械工业出版社，2006．

[4] 陈德人，殷光复，王宗敏，等．计算机应用基础（修订版）［M］．北京：清华大学出版社，2008．

[5] 谢希仁．计算机网络（第4版）［M］．北京：电子工业出版社，2003．

[6] 高传善，毛迪林，曹祎．数据通信与计算机网络［M］．北京：高等教育出版社，2005．

[7] 杨富国．计算机网络安全应用基础［M］．北京：北京交通大学出版社，2005．